U0392906

智能装备
及产线开发
架构·场景·实践

赵 丹 严家祥 杨爱喜 著

化学工业出版社

·北京·

内容简介

《智能装备及产线开发：架构·场景·实践》立足于我国制造强国建设与实践，针对我国当前智能制造装备产业现状及前沿趋势，全面阐述智能装备的概念内涵、关键技术与实践对策；重点介绍数控机床、工业机器人等智能装备的机械结构、系统设计与场景应用；深度剖析智能产线规划设计与布局开发；详细探讨了智能工厂物流系统的规划步骤与落地路径，比如智能仓储系统、AGV 物流系统等；针对汽车、航天、锻造等行业的智能装备与产线开发及应用，提出了行之有效的实践策略。

本书对从事制造工程、机械设计制造及自动化、机械电子工程等相关专业的人员具有较高的参考价值，可作为国内高校相关专业的本科生、研究生的专业课程教材。

图书在版编目（CIP）数据

智能装备及产线开发：架构·场景·实践 / 赵丹，严家祥，杨爱喜著. -- 北京：化学工业出版社，2025.
1. -- ISBN 978-7-122-46665-5

Ⅰ. TH166

中国国家版本馆 CIP 数据核字第 2024AX3975 号

责任编辑：雷桐辉
文字编辑：周　童　温潇潇
责任校对：刘曦阳
装帧设计：王晓宇

出版发行：化学工业出版社
　　　　　（北京市东城区青年湖南街 13 号　邮政编码 100011）
印　　装：河北延风印务有限公司
787mm×1092mm　1/16　印张 13¾　字数 271 千字
2025 年 1 月北京第 1 版第 1 次印刷

购书咨询：010-64518888　　　　　售后服务：010-64518899
网　　址：http://www.cip.com.cn
凡购买本书，如有缺损质量问题，本社销售中心负责调换。

定　　价：79.80 元　　　　　　　　　版权所有　违者必究

工业是一个国家综合国力的体现，是经济增长的主引擎，也是技术创新的主战场。全面推进中国式现代化，必须加快推进新型工业化。同时，新型工业化是发展新质生产力的主阵地，是制造强国建设的必由之路。而科技创新是新型工业化的本质属性，工业设备更新则是推进新型工业化的重要抓手。工业设备更新以数字化转型和绿色化升级为重点，能够推动制造业高端化、智能化、绿色化发展。

智能装备及产线开发聚焦于装备产品，对信息技术、智能技术以及先进制造技术进行集成和融合，赋予制造领域实时感知、动态执行、优化决策等特征，顺应了制造业高端化、智能化、绿色化的发展需求，是我国经济实现高质量发展的重要驱动力。

2011年，美国提出"先进制造伙伴计划"，旨在激活先进制造业潜力；2013年，德国正式推出"工业4.0"战略，核心目的是提高工业竞争力，在新一轮工业革命中占领先机；2015年，中国实施制造强国战略第一个十年的行动纲领——《中国制造2025》正式发布，其不仅明确了制造业在国民经济中的主体地位，还指明了中国制造业未来10年的顶层规划和路线图，推动中国到2025年基本实现工业化，迈入制造强国行列。政策环境是制造业发展的重要支撑，相关政策的出台能够推动新兴技术与制造业的融合。在政策的引导下，我国制造业智能化、高端化的进程不断加快。

近些年，得益于国家政策的支持以及工业互联网、物联网、人工智能等新兴技术的快速发展，我国制造业的自动化、数字化、集成化、智能化水平不断提升，智能制造行业的市场规模呈快速增长的态势。随着智能制造应用场景的不断拓宽以及企业对智能装备需求的持续增加，我国智能装备领域的产业链不断延伸，以工业机器人、新型传感器、智能控制系统、自动化生产线等为代表的智能装备产业体系已经逐步形成，并涌现出了一批在细分领域具有一定市场竞争力的知名企业。

新型工业化是现代化的必由之路，要体现知识化、信息化、全球化、生态化的本质特征，工业生产体系就需要以智能装备及产线为基础。智能装备及产线可应用于产品生产、质量检测、物流仓储等多个环节，适用于工程机械、汽车、半导体、3C（计算机、通信、消费类电子）等多种产业，下游应用领域十分广泛。随着细分领域竞争的日益激烈以及终端用户需求的不断提升，对制造装备及产线的灵活性、稳定性、精度、可靠性等均提出了更高的要求。随着5G、人工智能、物联网、大数据等技术的进步，智能装备企业也需要加强对核心技术的研发，推动新兴技术与装备制造技术的深度融合。

目前，我国智能装备及产线的信息化、自动化、集成化、智能化水平正不断提升。软件与硬件的深度集成使得产线中的每个节点均能够接入网络，实时传输产生的多源异构数据，并基于生产需要调整产线配置；信息技术与先进制造技术的深度融合使得智能装备及产线具备高度自动化与智能化，增强了装备的信息交互、自我学习能力，使其能够灵活适应不同的生产对象以及复杂的生产环境。

不过，由于制造领域具有系统性、复杂性等特点，智能装备及产线开发的转型升级是一个长期持续的过程。同时，我国智能制造行业也正面临一系列挑战。在国家政策的支持以及新兴技术的推动下，国内涌现出一批在技术方面已经有所突破的智能装备企业。其次，我国智能装备领域的专业技术人才较为紧缺，由于制造领域具有系统性、复杂性等特点，加之智能装备往往需要定制化生产，这就要求企业在设计、研发、生产以及维护等环节中均应有专业技术人才的辅助，而且这些人才应是综合掌握信息技术、机械工程、电气等专业知识的复合型人才。但人才的培养既需要系统的学习，又离不开大量的实践积累，因此，专业技术人员紧缺必然会给行业发展带来一定挑战。

本书立足于"加快构建新发展格局，着力推动高质量发展"的大背景，结合作者团队多年来在智能制造领域积累的经验和成果，分别从智能装备的七大维度阐述了智能装备及产线开发的架构、场景和实践。

由于作者水平有限，书中难免有不妥之处，请广大读者批评指正。

著者

第 1 章
智能装备概述

1.1 智能装备：智能制造的核心要素

1.1.1 智能制造的概念及其内涵

随着科技的不断进步，智能制造得到了进一步发展，其内涵的丰富性也在不断提高。1998年，美国P.K.赖特（Paul Kenneth Wright）、D.A.伯恩（David Alan Bourne）正式出版了智能制造研究领域的首本专著《制造智能》（*Manufacturing Intelligence*），并在该书中首次提出智能制造概念，将智能制造定义为"通过集成知识工程、制造软件系统、机器人视觉和机器人控制来对制造技工们的技能与专家知识进行建模，以使智能机器能够在没有人工干预的情况下进行小批量生产"。在智能制造发展初期，数字技术开始融入制造业当中，并对制造业进行升级改造，不断提高各项制造活动的数字化程度，因此，智能制造也被称为"数字化制造"。

近年来，物联网、大数据等数字技术和网络技术飞速发展，制造业与网络之间的关联日渐紧密，各种先进的数字技术和网络技术逐渐成为智能制造发展的重要支撑，因此，智能制造也被称为数字化网络化制造。例如，2013年，德国在汉诺威工业博览会上提出"工业4.0"，利用物联网、大数据等先进技术打造智能工厂，并借助智能工厂实现智能生产。

人工智能等新兴技术在制造业中的应用日渐广泛，人们的认知范围不断扩大，时间和空间也得到了进一步拓展，人类进入以互联网连接万物的新时代当中。在各种智能化技术的作用下，人机物三者互相融合形成人机物三元世界。该世界主要由人类社会、赛博空间和物理世界三部分构成，其中，赛博空间相当于虚拟的物理空间，可以借助数字孪生和人工智能技术与物理世界一一对应。从实际应用方面来看，人工智能等先进技术与制造业的深度融合提高了工业的智能化程度，为实现智能制造提供了技术层面的支撑。

（1）智能制造的精髓：智能工厂

智能工厂融合了人工智能等多种先进的智能化技术，能够以智能化的方式进行高效、高质量的产品生产，是实现智能制造的核心。

智能工厂主要包含3部分，分别为智能决策系统、虚拟制造平台和物理实体工厂。其中，智能决策系统具有监控功能，能够实时监控物理空间中的制造过程，并根据实际情况做出相应调整，同时也能够在虚拟世界中对制造过程进行优化；虚拟制造平台可以充分发挥数字孪生技术的作用，根据制造资源和制造过程构建相应的数字孪生模型；物理实体工厂中具备多种智能化的硬件基础设施和制造资源，可以为各项生产制造活动提供支撑。

（2）物质技术基础：赛博物理系统

数字技术与制造场景的深度融合催生出了赛博物理系统。该系统可以充分发挥人工智能、数字孪生、物联网等先进技术的作用，在虚拟空间中打造数字孪生模型，并支持物理设备与网络之间的互联互通。有效提高制造业的智能化程度，进而实现物理实体与数字虚体之间的精准映射和协同配合，以便充分发挥数字孪生模型在感知、分析、决策和执行等方面的能力，让制造业可以利用该模型来优化智能制造场景和流程。

1.1.2　智能制造系统的核心特征

实体经济是财富创造的根本源泉，而制造业又是实体经济的主体，在很大程度上决定着一个国家的经济发展水平和综合国力。过去，制造业企业采用的是组装生产的方式，主要用来生产大批量的单一品种商品。与此不同，混流装配线可以通过减少单一种类商品的生产规模扩大所生产商品的种类，这种生产方式的优点是更加灵活，可以满足多品类的市场需求。

制造业的转型升级是经济发展的重要议题，物联网和人工智能等技术的出现使智能制造成为备受瞩目的制造业升级方向。智能制造覆盖产品的整个生命周期以及全部生产活动，在智能制造中居于核心和基础地位的是智能生产，而智能生产的实现离不开智能制造系统。具体来说，智能制造系统具有如图 1-1 所示的几个方面的特征。

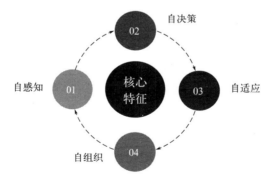

图 1-1　智能制造系统的核心特征

（1）自感知

传统的制造过程与外部世界之间基本处于相互隔绝的状态，而传感技术和 IoT（物联网，internet of things）等信息技术的发展使这一状况发生了改变，人们可以在外部感知到生产制造过程的进行情况，制造过程的透明度得到了提高。

（2）自决策

单纯凭借人力并不能实现智能制造的生产控制，因此智能制造系统采用自决策的方式，而非采用基于人构建的决策模型。所谓自决策，指的是在生产制造活动中，根据资源状况和生产任务要求得出最佳资源配置方案和问题解决方案。

自决策在智能制造的实现过程中发挥着关键的作用，其具体的运作过程体现在模型的体系结构中。企业做出自主决策时要依托于车间实体制造资源，各车间在类型、生产任务、作业要求上存在差异，每个车间应采用与自身情况相适应的优化算法，得到耗时最短、耗能最少的调度方案。

（3）自适应

自适应技术实时监测生产过程中的各方面状况，如果出现问题可在短时间内找到根源，并且借助规则、知识库、智能算法等工具对干扰做出控制和调节，防止生产效率受到较大影响。

自适应的主要作用是发现并处理问题和干扰。干扰分为基础干扰和复杂干扰，基础干扰的调节处理较为简单，据规则操作即可，复杂干扰则需要借助智能算法实施再分配，最大程度降低干扰的影响。除了自决策和自适应之外，感知和实施也是实现车间闭环优化的环节，车间闭环优化有助于企业实现高效生产。

（4）自组织

系统中的子系统不借助命令指引，自动形成特定结构，具备特定功能，这就是自组织。自组织来源于系统内一种向上演化的动态机制，演化过程为从无序到有序再到高级有序。自组织在智能制造系统中起到的作用是优化资源配置，并排除生产过程中出现的扰动，保证生产的效率和稳定性。

1.1.3 智能装备特征与商业模式

（1）智能装备的基本概念

智能装备指的是融合了信息技术、智能技术和先进制造技术的先进设备，能够实现感知、分析、推理、决策和控制等诸多功能。从类型上来看，智能装备主要包括数控机床、工业机器人、增材制造装备、智能传感与控制装备、智能监测与装配装备以及智能物流与仓储装备6种类型，如表1-1所示。

表1-1　智能装备的分类

主要分类	具体内容
数控机床	具有数字控制系统，可自动化控制加工过程，实现高精度、高效率加工
工业机器人	能够完成自动化、智能化的生产操作，包括装配、搬运、加工、焊接等
增材制造装备	基于离散-堆积原理，由零件三维数据驱动直接制造零件的科学技术体系，包括快速原型、快速成形、快速制造、3D打印等

续表

主要分类	具体内容
智能传感与控制装备	通过物联网、云计算等技术，实现无线传输、信息采集、数据处理等功能，并对生产计划、物料管理、质量控制、设备维护等方面进行智能化控制和优化
智能监测与装配装备	包括视频监控、智能安防等设备，可以实现对生产现场、设备运行状态等方面的实时监控和预警
智能物流与仓储装备	包括自动化搬运车、自动化仓储系统等，可以提高物流效率，减少人工干预

　　智能装备融合了多种先进的数字技术和产品技术，且配备了传感器、处理器、存储器和通信模组等众多智能模块，能够在先进技术和智能模块的支持下进行感知、分析、决策、控制和执行。从广义上来说，智能装备指的是所有具有计算处理功能、精准感知功能、准确的思维判断功能和高效的执行功能的装备。

　　一般来说，智能装备与物联网相连接，具有数字化和智能化的特点。传统的机床、汽车、飞机、工程机械、发电设备、工业机器人等不属于智能装备，但在接入网络之后可升级成为智能装备。

　　智能装备可以根据应用行业和应用场景划分为智能制造装备和其他智能装备两种类型，其中，智能制造装备应用于制造业当中，可作为智能制造系统的一部分发挥重要作用；其他智能装备则主要应用于其他行业，能够推动其所处行业实现智能化升级。

（2）智能制造装备的商业模式

　　具体来说，智能制造装备的商业模式主要包括四种类型，如图1-2所示。

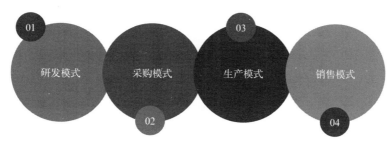

图1-2　智能制造装备的商业模式

　　① 研发模式。在智能制造装备研发过程中，企业需要先把握市场需求，再针对需求展开相关产品的研发设计工作。

　　智能制造装备研发主要涉及对通用性软硬件技术或平台、战略性新产品和服务于客户需求的产品三项内容的研发。

　　具体来说，通用性软硬件技术或平台主要包含模块化平台、硬件基础平台和各类算法，能够在技术层面为智能制造装备企业的产品研发工作提供支持；战略性新产品主要指符合当前市场发展趋势的新产品，在研发这类产品的过程中，智能制造装备企业需要充分发挥现有的各项先进技术的作用，根据市场发展趋势不断优化升级各项新产品；服务于客户需求的产品指的是针对客户需求而开发的各类产品，为了充分满足客户需求，智能制造装备企业需要强化产品性能，为用户提供更好的产品使用体验。

② 采购模式。智能制造装备在原材料方面有着较高要求，在采购原材料时，智能制造装备企业通常从销售订单出发，全方位跟进整个物料采购过程。从实际操作上来看，智能制造装备企业需要先根据生产需求确定物料清单，并在清单中注明原材料的各项具体信息，如供应商、种类、数量、参数、价格和交付时间等，再向通过审核的供应商发送采购订单，最后还要在入库前对物料的质量和精密程度进行检验，充分保证入库的物料能够满足智能制造装备的要求。

③ 生产模式。在产品生产环节，智能制造装备企业需要根据产品销售订单来确定生产计划。在实际生产方面，为了确保订单交付的及时性，企业可以将部分产品的组装和调试工作外包，由外包商来完成组装和调试工作，避免在订单量过大时出现因人手不足导致的产品延期交付问题。

④ 销售模式。智能制造装备具有种类多样、功能丰富的特点，因此智能制造装备企业大多以直销的方式进行销售。从实际操作上来看，智能制造装备企业需要先广泛采集和深入分析客户需求信息，立项审批各项已通过可行性评估的项目，并设计相应的方案，再针对方案进行项目估价，设置合理预算，并向客户报价或进行投标，最后还要考虑海外客户的商业习惯，以经销或代理的方式来完成各项跨境交易活动。

1.1.4　我国智能装备的发展路径

智能制造装备是智能制造领域的重要构成元素，也是智能制造的根基，具有较高的智能化水平，能够有效促进现代制造业快速发展，推动制造业实现智能制造。

一般来说，生产工具的升级能够促进生产方式进步，改变社会形态，形成新的劳动资料和生产力，由此可见，智能装备的发展和应用也可以有效推动行业转型升级。

装备是物质资料的重要组成部分，能够影响行业的发展。智能装备可以充分发挥数字技术对智能制造的放大、叠加、倍增作用，利用数字技术对制造过程和制造设备进行升级改造，从而提升自身效能，强化自身性能，同时也可以重新构建装备价值体系，推动制造业创新发展，并促进其他各个行业和领域实现进一步升级发展。

装备数字化指的是将大数据、人工智能和数字孪生等多种技术融入到制造装备当中，提高制造装备的数字化和智能化程度，增强实体装备与网络之间的联系，以便在虚拟空间中根据实体装备构建动态同步的数字孪生模型。利用该模型对智能装备进行优化升级，从而进一步提升智能装备在感知、决策、控制和执行等方面的能力。

智能装备可以看作融合了数字技术的实体装备，具有智能化的优点，可以在感应到触发条件后利用类人的智能化思维模式进行工作。不仅如此，智能装备也可看作一个单元级的赛博物理系统，是实体装备与数字孪生装备互相叠加的产物。

就我国智能装备的发展路径而言，主要体现在如图1-3所示的几个方面。

图1-3　我国智能装备的发展路径

（1）构建智能装备创新生态

智能装备制造企业在产品的整个生命周期中融入数字孪生、人工智能和多源数据融合等先进技术，借助这些技术来促进产品创新升级，并研发各项关键零部件，如智能传感器、智能控制器和智能网关等。利用智能化的零部件来提升装备的智能化程度，同时加大软件开发力度，研发新的工业app，在软件层面为智能装备的发展提供支持。

（2）挖掘智能装备应用场景

就目前来看，智能装备可以在多个领域、多种场景中发挥重要作用，如智能制造、智能交通和智能医疗等。对智能装备制造企业来说，可以从应用场景入手来推动智能装备快速发展，同时也可以充分发挥各项智能装备的作用，对网络基础设施进行升级，对安全防护措施进行完善。

（3）推动现有装备智能升级

智能装备制造企业可以将各个智能模块装配到各类装备当中，提高装备在感知和控制等方面的能力，同时也可以借助各种手段（如云化部署、模块升级等）来提高装备的数字化和智能化水平，助力现有装备实现智能升级。

（4）研究发展新型智能装备

智能装备制造企业可以通过优化装备设计和融合先进技术的方式开发新型智能装备。从实际操作上来看，智能装备制造企业可以为装备配备智能化的部件和核心软件，并采用新的机理、材料和工艺，同时将仿生、类脑智能等先进技术融入装备当中，打造具有原创性和前沿性的新型智能装备。

（5）激活智能装备数据价值

智能装备制造企业打通了数据资源交互通道，支持智能装备全生命周期数据多向流动，大幅提高各项装备数据资源的质量、可控性、可追溯性和可信度，同时构建起数据交易平台，为装备数据的共享和交互提供支持，可以充分发挥出智能装备数据的价值。

1.2 我国智能装备的发展现状与趋势

1.2.1 智能装备行业的政策体系

智能装备是智能制造的实现载体，我国从国家层面一直在强调和推进工业化和信息化的"两化融合"，制造业属于传统的工业范畴，而智能化则是信息化的一部分，智能制造体现了工业化和信息化的融合。将智能化技术应用于制造过程，有利于实现制造业的转型升级。目前世界范围内的主要工业国已经开始将目光聚焦到智能制造装备的发展上。

我国对智能制造装备行业给予了高度重视，相应地颁布了一系列政策。智能制造是《中国制造2025》的战略部署和主攻方向，服务于智能制造的推进，2015年工业和信息化部、国家标准化管理委员会两部门联合发布了《国家智能制造标准体系建设指南（2015年版）》（以下简称"建设指南"），"建设指南"从总体要求、建设思路、建设内容、组织实施方式等方面出发，对智能制造标准体系的建设进行了一番阐述。

此外，"建设指南"还提出了智能制造标准体系参考模型和智能制造标准体系框架。模型涉及生命周期、系统层级、智能功能3个维度。框架所包含的标准分为不同的类型，其中有5项基础共性标准，即这些标准并非专为智能制造设计的，也可应用于其他的产品或技术，包括"基础""安全""管理""检测评价""可靠性"。还有5项关键技术标准是专属于智能制造的，用来评价智能制造的各个组成部分和关键技术环节，包括"智能装备""智能工厂""智能服务""工业软件和大数据""工业互联网"。以上两类共10项标准可以看作是智能制造的内部标准，另外根据《中国制造2025》，智能制造有10大应用领域，这些应用领域各自存在行业应用标准，这些可看作是关于智能制造的外部标准。

为贯彻落实"十四五"规划，2021年12月28日，工业和信息化部等八部门联合印发了《"十四五"智能制造发展规划》，提出了未来智能制造领域要达成的目标，主要针对转型升级、供给能力、基础支撑三个方面。

在转型升级上，2025年要实现大部分规模以上制造业企业的数字化网络化转型，并建设完成超过500个示范工厂，在智能制造的应用上起到示范和引导作用。在供给能力上，2025年智能制造装备和工业软件的供给能力应当达到较高水平，能够分别满足70%和50%以上的市场需求，同时优秀系统解决方案供应商的数量应超过150家，有效保障系统解决方案的供给。在基础支撑上，扩充及完善国家和行业标准，标准的数量应在200项以上，同时建设完成超过120个工业互联网平台，从标准和平台入手为智能制造提供支撑。

为贯彻落实《"十四五"智能制造发展规划》，促进智能检测装备产业的高质量发展，2023年2月21日，工业和信息化部等七部门联合印发了《智能检测装备产业发展行动计划（2023—2025年）》，提出2025年智能检测技术应达到相对成熟的水平，能够基本解决用户领域的制造工艺需求，核心零部件、专用软件和整机装备的供应规模和供应质量应有较大幅度的提高，将智能检测装备广泛应用于重要程度较高的制造业领域，发挥引导和示范作用，形成稳定的产业生态，推动制造业向智能化的方向发展，有助于智能制造的实现。

智能制造装备行业政策汇总如表1-2所示。

表1-2 智能制造装备行业政策汇总

发布时间	政策名称	政策内容
2023 年 2 月	《智能检测装备产业发展行动计划（2023—2025 年）》	到 2025 年，智能检测技术基本满足用户领域制造工艺需求，核心零部件、专用软件和整机装备供给能力显著提升，重点领域智能检测装备示范带动和规模应用成效明显，行业生态初步形成，基本满足智能制造发展需求
2023 年 1 月	《"机器人+"应用行动实施方案》	目标到 2025 年，制造业机器人密度较 2020 年实现翻番，服务机器人、特种机器人行业应用深度和广度显著提升
2022 年 11 月	《关于巩固回升向好趋势加力振作工业经济的通知》	加快重大项目建设；引导企业开展新一轮技术改造和设备更新投资，提高大飞机、航空发动机及燃气轮机、船舶与海洋工程装备、高端数控机床等重大技术装备自主设计和系统集成能力
2022 年 8 月	《关于首批增材制造典型应用场景名单公示》	根据"十四五"规划，评选出了首批可复制可借鉴的增材制造典型应用场景
2022 年 6 月	《工业能效提升行动计划》	推进重点行业节能提效改造升级。加快一体化压铸成形、无模铸造、超高强钢热成形、精密冷锻、异质材料焊接、轻质高强合金轻量化、激光热处理等先进成形工艺技术产业化应用
2022 年 5 月	《关于开展"携手行动"促进大中小企业融通创新（2022—2025 年）的通知》	以数字化为驱动，打通大中小企业数据链，开展智能制造试点示范行动，遴选一批智能制造示范工厂和典型场景，促进提升产业链整体智能化水平。深入实施中小企业制数字化赋能专项行动，开展智能制造进园区活动
2021 年 12 月	《"十四五"智能制造发展规划》	强调"十四五"期间，我国将大力发展智能装备，包括智能焊接机器人、超快激光等先进激光加工装备、激光跟踪测量等智能检测装备和仪器等。该文件指出到 2035 年，规模以上制造业企业全面普及数字化、网络化，重点行业骨干企业基本实现智能
2021 年 3 月	《中华人民共和国国民经济和社会发展第十四个五年规划和 2035 年远景目标纲要》	发展壮大战略性新兴产业。聚焦新一代信息技术、高端装备、新能源汽车等战略性新兴产业，加快关键核心技术创新应用，增强要素保障能力，培育壮大产业发展新动能；推动制造业优化升级，深入实施智能制造和绿色制造工程，发展服务型制造新模式，推动制造业高端化、智能化、绿色化。推动生产性服务业融合化发展。支持智能制造系统解决方案、流程再造等新型专业化服务机构发展

续表

发布时间	政策名称	政策内容
2020 年 12 月	《工业互联网创新发展行动计划（2021—2023年）》	到 2023 年，工业互联网新型基础设施建设量质并进，新模式、新业态大范围推广，产业综合实力显著提升。智能化制造、网络化协同、个性化定制、服务化延伸、数字化管理等新模式新业态广泛普及，制造业数字化、网络化智能化发展基础更加坚实
2020 年 9 月	《关于扩大战略性新兴产业投资培育壮大新增长点增长极的指导意见》	加快高端装备制造产业补短板。重点支持工业机器人，建筑、医疗等特种机器人，高端仪器仪表等高端装备生产，实施智能制造、智能建造试点示范。研发推广城市市政基础设施运维、农业生产专用传感器、智能装备、自动化系统和管理平台，建设一批创新中心和示范基地、试点县。鼓励龙头企业建设"互联网＋"协同制造示范工厂，建立高标准工业互联网平台
2020 年 7 月	《关于进一步促进服务型制造发展的指导意见》	综合利用 5G、物联网、大数据、云计算、人工智能、虚拟现实、工业互联网等新一代信息技术，建立数字化设计与虚拟仿真系统，发展个性化设计、用户参与设计、交互设计，推动零件标准化、配件精细化、部件模块化和产品个性化重组，推进生产制造系统的智能化、柔性化改造，增强定制设计和柔性制造能力，发展大批量个性化定制服务。引导制造业企业稳步提升数字化、网络化技术水平，加强新一代信息技术应用，面向企业低时延、高可靠、广覆盖的网络需求，加快利用 5G 等新型网络技术开展工业互联网内网改造，推动 5G 在智能服务等方面的应用
2020 年 5 月	《关于工业大数据发展的指导意见》	推动工业数据全面采集。支持工业企业实施设备数字化改造，升级各类信息系统，推动研发、生产、经营、运维等全流程数据采集。打造工业数据产品和服务体系。推动工业大数据采集、存储、加工、分析和服务等环节相关产品开发，构建大数据基础性、通用性产品体系
2020 年 1 月	《加强"从 0 到 1"基础研究工作方案》	要强化国家科技计划原创导向。国家科技计划突出支持关键核心技术中的重大科学问题。面向国家重大需求，对关键核心技术中的重大科学问题给予长期支持。重点支持人工智能、网络协同制造、3D 打印和激光制造等一系列重大领域，推动关键核心技术突破

1.2.2 智能装备行业的产业布局

为适应制造业的智能化需求，我国加快了智能制造装备行业的发展，2022 年有 8.39 万家企业进入这一行业。据工业和信息化部数据，我国智能制造装备行业总产值在 3.2 万亿元以上，行业的产能可以满足 50% 以上的市场需要。目前已建设完成的数字化车间和智能工厂有 2500 多家。工业软件产品的营收能力达到了较高的水平，收入超过了 2400 亿元。形成了一批具备一定规模的系统解决方案供应商，这些供应商的主营业务收入达到了 10 亿元。

《中国制造 2025》提出了十大制造业领域，这一战略文件旨在提升我国的制造业实力，推动制造业转型升级，实施制造强国战略，为国民经济发展注入强劲活力。而在《中国制造2025》中，智能制造是关键组成部分和主攻方向，它意味着制造业发展的新方向，是制造业升级的重要发力点。智能制造装备是智能制造的实现载体，在国家总体战略的指导和重视下，智能制造的研发和生产将获得力度较大的支持。

信息技术迅速崛起，同时传统的制造技术也在不断改进升级，技术条件的进步对智能制造装备的发展起到了促进作用。目前，智能制造装备行业在体系化上取得了初步进展，体系中包含新型传感器、智能控制系统、工业机器人、自动化产线等。重大智能制造装备的自主研发和创新能力有了较为显著的提高，掌握了关键核心技术和自主知识产权。不过，当前的智能制造装备领域也存在问题，还没较好地实现各个制造环节之间的连通，智能制造在跨行业和跨领域方面还有待取得进步。

目前，我国主要根据工业基础水平来进行智能制造装备行业的区域布局，智能制造装备行业集聚在具备良好工业基础的珠三角、长三角、环渤海和中西部四大区域，行业集群效应的形成将促进智能制造水平的提高。

在四大行业集聚区中，长三角地区和环渤海地区居于核心区地位。数控机床的研发和生产企业在环渤海、长三角和西北地区分布最多，具体来说是环渤海地区的辽宁、山东、北京，长三角地区的上海、江苏、浙江，以及西北地区的陕西。智能专用装备，以及智能制造装备关键基础零部件和通用零件的研发及生产，则以河南、湖北、广东等省份为代表，特别是三个省份中的洛阳、襄阳、深圳这三个工业实力较强的城市。此外，工业机器人是智能制造装备的热门话题，有着值得期待的发展前景，就国内而言，工业机器人将主要在北京、上海、广东、江苏等地得到应用。

下面简单分析一下智能制造装备行业的四大集聚区。

① 环渤海地区以北京为核心区域，胶东半岛和辽东半岛则可以视作"两翼"，这构成了本区域的发展格局。其中，北京拥有雄厚的科研实力，在软件领域拥有较为明显的优势，包括工业互联网和智能制造服务。

② 长三角地区的智能制造发展水平较为均衡，能够发挥行业集群效应，形成本区域智能装备行业的优势和特色。

③ 珠三角地区通过加快引入智能制造装备，推动制造业升级，正逐渐成为国内主要的制造业阵地。广州和深圳两大核心城市分别承担不同的发展方向，发挥不同的职能，广州主要作为智能装备行业的核心区而存在，深圳则着眼于机器人、可穿戴设备、创新服务以及国际合作。

④ 相比于东部地区，中西部地区制造业转型的进度比较落后，目前还处在自动化的阶段。不过中西部地区拥有数量较多的高等院校和科研院所，依托于此形成了以先进激光行业为代表的智能制造装备行业。

1.2.3 智能装备行业存在的问题

（1）与发达国家相比存在差距

智能制造装备的应用可以显著提高制造业的生产效率，提升制造业的整体水平，因此智能制造装备在制造业领域受到高度重视。目前，德国、美国、日本等是智能制造装备行业居于领先地位的国家。

德国的智能制造装备行业有着较长的历史和较高的技术水平，在技术、产品、服务等方面都拥有强大的优势和竞争力。另外，推进智能制造是德国工业4.0的重要组成部分，智能制造装备行业在得到国家战略支持后实现了进一步的发展。

美国也是智能制造装备行业的强国，政府对该行业给予了较高的重视，并投入了一定的资金，使美国的智能制造装备行业有了迅速的发展。此外，美国在智能制造、物联网等领域不断进行开拓，在一些重要的技术上取得了突破，包括3D打印、人工智能、机器学习等。

日本在智能制造装备行业同样有着较强的实力，具体体现在机器人应用、自动化控制、高速化等方面。

在智能制造装备行业，中国与上述国家之间还存在差距，还有一段路程要追赶。不过中国在该行业的发展速度较快，在技术、产品、服务上都取得了明显进步，国际竞争力不断增强。

（2）行业基础薄弱，行业内支持不足

我国的智能制造装备行业由于起步较晚等，行业基础较为薄弱，配套企业的整体实力没有达到较高的水平。行业整体实力不足具体表现在核心技术的掌握和核心部件的制造上，无法建立起自主供给的产业链。因此，虽然行业内已出现了一批在整体技术和集成能力上有着不俗表现的优秀企业，但受限于行业整体实力，有时无法在核心部件的制造等方面获得足够的配套支持，这成为其进一步发展的阻碍因素，除了行业整体水平之外，我国智能制造装备行业配套能力不足的问题，一定程度上还与行业不同区域之间缺乏交流有关，这不利于良好互动配套的形成。

目前我国还不能实现许多智能装备核心配件的自主生产，包括工业芯片、传感器、高性能伺服电机和驱动器等。机床是智能装备制造的重要设备，而国外企业在高端精密机床和刀具上的垄断迟迟没有被打破，设备的引进和后续的维护都需要花费高昂的成本。重要设备和配件高度依赖进口意味着无法很好地抵御外在风险，一旦国际局势出现变动，整个行业就会遭受到很大冲击。

（3）企业竞争力不足

智能制造装备行业长期由国外企业所主导，而近年来我国从战略层面出发对本

行业提供了力度较大的支持，催生出了一批优秀的智能制造装备企业。这些国内企业强调创新的重要性，不仅能够做到自主创新，也能在已有成果的基础上实现再创新和集成创新。通过创新，它们提升了自身的技术水平和竞争力，在市场中占据了一席之地。

在智能制造装备行业实现技术创新，提升技术实力，需要投入大量人员、资金和时间，要经历一个较长的积累过程。我国的智能制造装备行业起步较晚，还没有出现足够的优势企业，而现存优势企业的进一步发展受到行业基础和配套的制约。总体来说我国在本行业的技术实力、竞争力和抗风险能力还没有达到令人满意的水平，品牌价值和品牌形象也有待塑造和提升，要想撼动国外知名企业在本行业的主导地位，还有一段较长的路需要走。

在智能制造装备行业这一关键的制造业领域中，虽然我国仍旧处在追赶者的位置，但国家已经从战略层面对本行业给予了高度重视和大力支持，各地政府也努力为行业发展创造良好环境。在这样的条件下，我国建立起长三角、珠三角、环渤海、中西部四大智能制造装备行业集聚区，初步确立起了行业生态，因此行业的整体前景是可以期待的。

1.2.4　智能装备行业的发展趋势

在未来，我国的智能制造装备行业可能呈现出以下发展趋势：

（1）高端装备国产化持续推进

基于四大行业集聚区，在各方的共同努力下，我国在智能制造装备领域取得了一定的成就和进展，一部分企业在工业机器人、机器视觉以及智能专用装备方面实现了自主研发和创新，取得了自主知识产权突破，其推出的产品已具备国际竞争力。此外，从大环境上看，国内的制造业正处于转型期，对于智能制造装备需求较大，同时当前的国际环境并不稳定，为提高抗风险能力必须努力实现国产化替代，这些都将对我国智能制造装备的发展起到推动作用。

智能制造装备领域的国产化替代正在不断推进，越来越多地实现了装备的自主供给，不过总体看来仍旧存在一些问题，主要体现在核心技术储备、产品高端化以及高端装备国产化等方面。

在《国务院关于加快培育和发展战略性新兴产业的决定》中，高端装备制造被列为战略性新兴产业之一。高端装备处在价值链的顶端，在产业链中居于核心位置，在提高产业竞争力和推动工业转型方面发挥着重要作用。发展高端装备制造业，是优化我国经济结构的重要举措，有助于我国制造业的高质量发展，应当以技术研发和创新作为引领和驱动，努力实现高端装备的国产化。

（2）技术创新驱动发展

多年以来，我国的科研投入一直维持在较高的水平，也取得了一定的成果和进展，体现在光学成像、机械系统、电气控制、人工智能算法、信息系统软件等领域，这为智能制造装备的国产化提供了支持。半导体、锂电池等重点行业对智能制造技术有一定的需求，并且已经开始了对智能制造技术的应用，包括工业机器人和自动化检测等。与此相关，半导体和锂电池自动化设备成了新的焦点，可以预见针对此领域的投入将持续加大，由此制造业将沿着自动化和智能化的道路不断迈进，在此过程中消费电子、新能源汽车、光伏等行业将受到极大的带动。

此外，工业互联网也是智能制造的重要组成部分，在具体的应用场景中，能够针对企业面临的难点和痛点给出有效的解决方案。

适应日趋多元化的市场需求，自动化生产在制造企业中发挥着越来越关键的作用，可以显著提高生产效率。为了使设备的使用效率最大化，工厂要做好设备的管理和调度工作。在以自动化手段建成的智能工厂中，可以使用物联网收集大量数据并存储到云服务器，根据数据构建分析模型，掌握机器效率和生产进度。如果出现效率不高或者进度滞后的情况，可以实行针对性调度，或者是对生产工艺和设计方案进行适当调整。分析模型还可以用来预测故障，从而提前做出应对，防止正常生产受到影响。除了生产过程外，掌握产线情况还对销售过程有着积极的作用，使得销售人员在业务洽谈时能够为客户提供更加详细透明的信息，提高销售成功率。总之，自动化可以帮助企业的各部门员工更加便利地了解和控制工厂的整体运作状况，促进生产和销售等各个环节的高效有序运行。

（3）定制化需求不断提升

市场上每天都会涌现出新的产品需求，产品的个性化得到越来越多的凸显和强调。适应市场需求，工厂要提高个性化产品的生产规模和效率，这就需要用到定制化的智能制造装备。

制造业包含许多个行业，不同行业之间存在较大差异，而即使是处于同一行业的企业，其业务范围也不尽相同，因此不同的制造企业对智能制造装备有着不同的需求，尤其体现在具体的使用和功能上，智能制造装备企业应当充分考虑到客户在需求方面存在的差异性。为了更好地满足客户需求，智能制造装备企业应在项目初期对客户有一个全面而深入的了解，包括客户所处行业的特点和规范，客户所生产产品的类型，客户对装备功能以及配套工程的需求，以及客户的预算范围，等等。综合以上因素，为客户设计定制化产品，并完成产品的生产和交付。

产品定制化将成为智能制造装备行业的发展方向，智能制造装备企业充分了解客户的需求，按照客户需求进行产品开发，同时提供必要的配套技术服务。

（4）绿色环保成为发展重点

目前，地球所面临的生态问题越来越严峻，环保这一议题受到越来越多的关注。与此相关，智能制造装备行业将绿色环保作为发展重点，许多企业及其供应链从使用的技术和设备入手来支持环保，尽可能降低生产导致的环境污染，提升环境质量，为可持续发展作出贡献。

总体来看，我国的智能制造装备行业与世界顶尖水平还有一定的距离，不过行业的发展速度较快，已经形成了一定的行业规模，涌现出了一批竞争力较强的优势企业，它们在产品、技术和服务上都达到了较高的水平，在机器人、智能制造、自动化产品等领域取得了一定的成果和进展。

智能制造装备是制造业转型升级的重要依靠，能够有效提高生产效率，在国家战略层面上受到了高度重视。技术创新、国产化进程、产品定制化、绿色环保成为智能制造装备行业的关键词，代表了行业的未来发展趋势。

1.3　数字化工艺在智能装备中的应用

1.3.1　数字化工艺赋能智能制造

工艺设计管理能够反映制造业的整体素质和核心竞争力。为了加快建设制造强国，我国需要探索智能制造模式下的数字化和结构化工艺设计方式，制定适用于多专业的工艺协同设计模式，打造包含生产制造和质量检验反馈等内容的闭环，充分发挥工艺设计管理的支撑作用，提高企业在生产方面的精益化程度，并助力企业实现数字化转型。

（1）数字化工艺的应用

2021年12月，我国工业和信息化部等八部门联合印发《"十四五"智能制造发展规划》，并在该规划中指出，工艺技术是影响智能制造发展的重要因素。工艺设计管理能够在一定程度上促进智能制造的发展，加快发展智能制造的诉求日渐迫切，我国需要进一步加大智能制造工艺技术研究力度，推动制造业向数字化的方向转型发展，提高工艺技术的数字化和智能化程度，大力支持工艺技术创新，打破工艺技术对智能制造发展的限制。

工艺的进步有助于企业提升自身的制造能力。从本质上来看，在企业的生产运营环节，工艺指的是企业从原材料进厂到产品入库过程中的各项生产制造技术。对制造业来说，为了优化产业结构，产出优质产品，必须将工艺作为生产制造的重要基础，并充分发挥工艺的支撑作用和保障作用。

就目前来看，制造工艺正朝着数字化和智能化的方向快速发展，各个行业和领域都在不断提升工艺的数字化和智能化水平，如汽车、船舶、家电、重工机械、航空航天、轨道交通等。为了推动智能制造快速发展，我国制造业需要深入研究先进工艺技术，综合运用不同学科、不同领域的知识和技能，加强技术创新和产学研用协同攻关，充分掌握生产制造流程中所需的各项核心技术。对装备制造领域的企业来说，可以通过对工艺技术的研究开发出新技术，并对这些新技术和工艺进行融合，打造模块化的生产单元，从而提高生产线的数字化程度和产品的可靠性，生产出更加高端的产品。

（2）传统工艺设计与数字化工艺设计

工艺设计指的是在上游设计工作已完成的前提下进一步优化调整相关标准，提高产品零部件在生产制造和检验过程中的各项相关标准，以便确保生产的有序性，保证产品质量。工艺设计在装备制造领域具有一定的连接作用，能够连接起产品设计环节和产品制造环节，将设计意图转化为制造语言，为负责产品加工制造的各个相关工作人员掌握产品设计信息提供方便，进而达到提升产品的可制造性和生产质量的效果。

工艺设计人员需要了解并精准把握各项加工特征，并据此制定产品加工要求，明确加工工序逻辑、加工资源、操作方法、技术要求和相关注意事项，并为下游的加工制造人员和检验人员提供文件形式的工艺简图。

① 传统的工艺设计。传统的工艺设计指的是利用办公软件来编制和下发每道工序的卡片，产品生产车间的各个工作人员需要根据这些卡片和二维的产品图纸来完成产品加工和产品检验工作。这种工艺设计方式大多使用文字和简图来表达信息，存在清晰度不足等缺陷。相关工作人员在进行生产制造时还需查阅大量纸质文件，导致管理难度和追溯难度较大。不仅如此，各项生产要素（主要包括产品、工艺、工序、设备、工装）在结构化逻辑关联方面的不足也影响了工厂对各类变化的响应速度，难以及时调整生产线，进而造成生产效率下降等问题。

② 数字化工艺设计。数字化工艺设计指的是在BOM（bill of material，物料清单）和工艺流程的指引下，基于数据和对象来管理各项工艺资源，并以结构化的方式来对这些资源进行关联和存储，同时充分发挥数据的作用，保证产品生产的效率和质量，并借助数字化技术将二维电子卡片转化为三维设计模型，提高作业指导书的可交互性和直观性，打通产品设计、产品制造和质量检验之间的壁垒，为生产制

造人员和检验人员理解设计意图和把握工艺要求提供强有力的支持，进而确保操作的准确性。

1.3.2 数字化工艺的重要性

随着数字技术在制造业领域的发展和应用，制造业逐渐进入数字化时代，制造企业亟须借助各类数字信息技术来加快创新和转型的速度。具体来说，在创新变革的过程中，制造企业可以综合运用信息技术和管理技术来达成各项目标，如状态感知、实时分析、自主决策、精准执行、学习提升等，以便借此来为人、机、物之间的交流协作提供支持。

为了加快实现数字化和智能化，企业必须对工艺数据进行结构化管理。从实际操作上来看，企业在开展各项产品制造工作（如研发、设计、仿真、制造和检验等）之前，需要先以数据化和结构化的方式对产品制造工艺相关内容（主要包括工艺方法、工艺模板、工艺流程、工艺资源和检验标准）进行处理，并在推进以上各项工作的过程中提高不同专业、不同部门、不同组织之间的协同性，进而借助数字模型和结构化数据实现智能制造。

（1）数字化工艺数据对多车间跨专业模式的支撑

近年来，制造业企业的经营模式正在向多工厂和产业链协同的方向发展，企业将产品的设计、生产制造和检验维修等工作分别交给多个分散在不同区域的部门来处理，这些部门之间需要互相协作，共同完成整个产品生产流程中的各项工作。

一般来说，套装产品的生产工作具有较高的复杂性，且通常需要用到钣金、机加工、外协、机械装配和电子装配等多种工艺。这些工艺在加工和检验方面的要求各不相同，为了实现多工厂协同作业，企业需要探索结构化管理各类工艺加工参数和检验参数的有效方法，并同时推进生产和管理工作。

（2）数字化工艺对多车间多专业的协同支撑

从实际操作上来看，若要借助数字化工艺来提高不同车间、不同专业之间的协同性，企业需要充分发挥BOM结构树的作用，并在此基础上针对相关物料、工装、设备和工艺逻辑等展开结构化建模工作。同时从组织和权限出发，对工艺任务进行多级分工，安排相关工作人员在掌握零件的加工特性和质量要求等信息的基础上进行工艺设计，进而打造出总装拉动的分专业工艺协作体系，以及多车间模式下的协同工艺设计与制造体系。除此之外，企业还需要充分发挥ERP（enterprise resource planning，企业资源计划）系统和MES（manufacturing execution system，制造执行系统）的任务分工功能，打造一体化的闭环业务场景，提高各个车间在工艺和制造方面的关联性和协同性。

具体来说，工艺协作如图1-4所示。

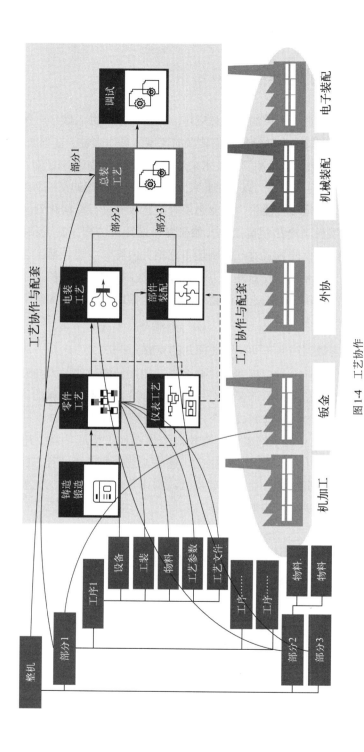

图 1-4 工艺协作

（3）数字化工艺对生产及质量检验的支撑

工艺设计能够在逻辑和标准层面上为制造企业的产品生产和产品检验工作提供支持。企业实现数字化和智能化制造的前提是与产品生产和检验相关的各项内容均来源于工艺数据结构化，具体来说，主要涉及制造过程、工艺逻辑、加工标准、装配顺序和检验规范等内容。

结构化工艺管理的作用是为现场的生产、加工和检验工作提供指导。从作用原理上来看，结构化工艺管理可以结构化定义企业在工艺方面所需的各项资源和约束条件，并充分发挥基于对象的建模方法和逻辑关联机制的作用，通过在产品与资源、工艺BOM（如图1-5所示）、工艺流程、工时定额、检验参数之间构建约束关系的方式，确保工艺控制的标准化程度，从而充分发挥自身在工艺过程中的指导作用。

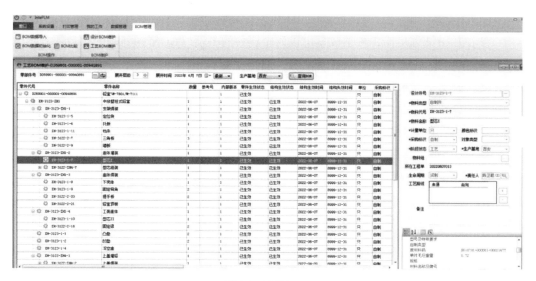

图1-5　工艺BOM

（4）数字化工艺对ERP、MES等信息系统的支撑

数字化工艺系统具有结构化列装功能，在助力企业优化生产管理的过程中，可以在掌握零件生产相关信息（如BOM、工艺路线、工艺资源、工时定额和检验参数等）的基础上，完成零件的批量装备工作，并以系统集成的方式进行信息传输，向ERP、MES等多个生产管理系统传送信息，同时充分发挥基于单一数据源的工艺结构化数据的作用，为企业执行生产计划和检验产品质量提供数据层面的支持，进而达到增强企业生产管理能力的目的，让企业能够更好地处理生产组织、资源配套、生产过程和质量控制等方面的各项管理工作。

具体来说，ERP工艺数据如图1-6所示。

图1-6　ERP工艺数据

① 在ERP计划层面，工艺数据可以为企业中的各项以BOM为基础的物料需求运算工作提供支持，同时也可以从订单出发，为企业提供相应的采购计划和生产计划。具体来说，企业可以借助BOM信息来预测订单成本和实作产品成本，综合分析产品的BOM、工艺路线、工艺资源约束条件等信息，并根据分析结果制定相应的生产计划，同时利用智能排产系统进行模拟排产，并据此生成生产工单和资源计划，为产品生产制造人员的工作提供支持。

② 在MES制造层面，工艺数据可以为企业完成MES的工单中的各项工作提供支持。具体来说，企业可以利用结构化数据来生成电子跟踪卡片，并输出关联工序和设备资源等内容，加强对各个工序逻辑和流程的控制，同时也可以充分发挥电子作业卡片的作用，为产品生产工作提供指导，并通过逻辑控制来提高生产的有序性和产品的合格率。

1.3.3　工艺数据数字化管理技术

工艺数据数字化管理主要有两个目标：一项是充分发挥集中化工艺数据管理中心的作用；另一项是利用历史数据来提升企业在工艺方面的管理水平。具体来说，企业需要借助工艺数据数字化管理来围绕PLM（product lifecycle management，产品生命周期管理）和CAPP（computer aided process planning，计算机辅助工艺设计）搭建结构化工艺数据支撑平台，并结合上游设计系统，确立以产品、工艺、车间和工艺资源为主的结构化工艺管理模式，以便以对象的形式存储和管理这些数据信息，在数据层面为下游的ERP和MES等生产管理系统提供支持。与此同时，企业也要利用各项历史数据构建工艺知识库，建立具有共享化和智能化等特点的信息推送机制，固化审签流程，提高设计效率、设计质量和设计标准的规范性。

（1）工艺参数结构化功能框架

工艺规划可以作用于整个业务过程中的所有环节，同时也可以借助工艺参数填写和工艺资源库来处理各项业务问题，如结构数据、编辑效率、工艺输出等方面的问题。

从工艺设计方面来看，企业需要通过工艺规划对工艺类别和各项工艺参数进行划分和梳理。以焊接工序为例，企业需要采集各项焊接相关信息和参数，如焊接设备、焊接方法、焊接材料、焊接电流和焊接规格等，并利用这些数据信息制订量化参数记录表，进而为工艺设计相关工作提供方便，让相关工作人员可以通过导入参数记录表的方式来获取焊接工序的量化数据参数，同时也能够以自动化的方式完成工序内容和参数属性的匹配工作，确保工序内容的完整性。

（2）工艺知识结构化和工艺文件的模板化

企业在推进工艺设计工作时，需要以结构化的方式封装各项工艺知识，这些工艺知识主要包括工艺资源、工艺模板、特征参数、材料定额、控制方法和失效模式等内容，并在此基础上为提炼、存储、管理和使用各项工艺知识提供方便。

当企业实现对产品工艺知识的有机组织、合理分类和有效标识后，可以充分发挥产品工艺知识管理功能的作用，为获取、审核、检索、共享和维护产品工艺知识提供方便，同时也可以在一定程度上保障产品工艺知识的安全性，提高工艺知识的利用率，推动工艺知识升级。

具体来说，工艺知识库如图1-7所示。

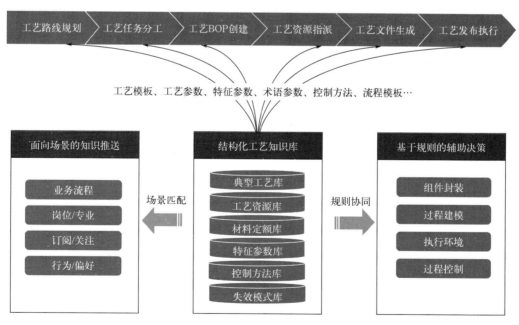

图1-7 工艺知识库

工艺设计过程不仅包含结构化定义数据、对象、资源和流程等内容，还涉及模板化定义流程图、控制计划、工艺模板、工艺卡片、工艺更改单和技术通知单等文件内容，同时在此基础上构建标准化的模板文件库。对企业来说，可以根据生产工艺选择相应的模板文件，并借助该模板快速生成自身所需的各类文件，进而为工艺设计工作提供方便。

（3）工艺数据模板化、结构化、数字化

工艺数据化是一种符合新技术发展趋势的设计思想，能够在企业实现数字化和智能化转型的过程中发挥重要作用。具体来说，工艺数据化需要以对象为基础，以数据为驱动力，同时将数据作为载体，并在流程和文件的指引下为企业的产品制造工作提供支持。对企业来说，可以借助工艺数据化来对产品的BOM、工艺流程、工艺资源、工艺模板和工艺文件等进行数字化和结构化处理，加强这些内容之间的联系，并集成PLM和MES等相关管理系统，提高生产执行和质量检验的标准化程度，构建包含设计、工艺、制造、质量等内容的闭环体系，确保产品生产工艺的精细化程度和产品生产管理的高效性。

1.3.4　数字化工艺的应用与实践

工艺设计与管理在装备企业的整个生产制造流程中发挥着重要作用，推动工艺设计与管理实现数字化既有助于企业获取新的设计灵感，也能够革新管理模式。装备企业可以在设计工艺并行的前提下，确保数据源头的规范性、准确性和唯一性，并在三维一体化环境中对各项工艺数据进行管理和应用，以便实现高质量、高效率的工艺设计。除此之外，装备企业还需打通生产制造流程中各环节的链路数据，以便缩短产品研制周期，提高产品质量，降低生产制造成本。

近年来，互联网和数字化技术飞速发展，智能制造逐渐广泛应用到世界各国的制造业领域当中，并发挥着十分重要的作用。随着智能制造的不断发展，装备制造企业需要加快推进工艺设计与管理的数字化转型工作，从实际操作上来看，装备制造企业应充分发挥各类信息化手段的作用，并在确保工艺方法和技术的标准性和规范性情况下，在三维可视化的环境中综合运用各项工艺方法和技术，同时围绕BOM等数据信息按部就班推进工艺设计与管理工作。

现阶段，工艺设计与管理在装备制造业中发挥着十分重要的连接作用，连接起了产品设计环节和产品制造环节。装备制造领域已经有许多企业将各类结构辅助设计工具应用到工艺设计与管理当中，如UG、ProE、CAD、SolidWorks和CAPP软件等，并综合运用各项工具以及PLM和MES构建用于工艺设计与管理的平台，利用各项相关工具代替人来处理一些具有复杂性、烦琐性和重复性的工作，从而减少在工艺设计方面所花费的时间成本和人力成本，实现高质量、高效率的工艺文件编制，确保各项工艺数据均正确有效，并提高工艺设计与管理的适用性和合理性。

（1）设计工艺一体化

装备制造企业可以在设计数据标准规范的情况下，提升设计、工艺和制造三者之间的协同性，并实现设计和工艺单一产品数据源，推动设计工艺趋向一体化，提高设计工艺变更的及时性和相关操作执行的准确性。具体来说，全生命周期管理系统如图1-8所示。

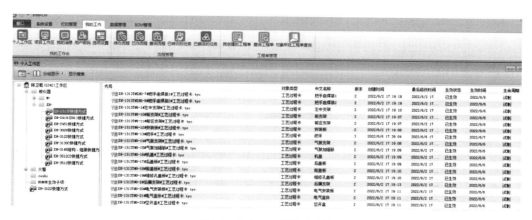

图1-8 全生命周期管理系统

（2）工艺表达三维化

对装备制造领域的企业来说，可以建立三维可视化的BOM，并充分发挥消耗式分配的作用，减少在工艺设计方面花费的时间，降低工艺装配的出错率，实现高效率的工艺设计和高精度的工艺装配。不仅如此，也可以借助三维注释和动画等方式呈现出自身的工艺意图，以便实现高质量、高效率的产品生产。具体来说，三维模型如图1-9所示。

（3）工艺结构化管理

工艺的结构化管理具有较强的数据管理能力和数据应用能力，且能够在将结构化工艺信息传输到制造端的过程中，保障信息的安全性和准确性。除此之外，工艺的结构化管理还可实现工序级别的工艺合编，提高装备制造企业在工艺协同设计方面的能力水平。具体来说，工艺信息如图1-10所示。

（4）工艺过程集成化

随着工艺过程的集成度日渐升高，装备制造领域的各个企业也开始集成各项设计工具，并通过对各类设计工具的综合运用实现直观、透明、高效的产品设计、加工和装

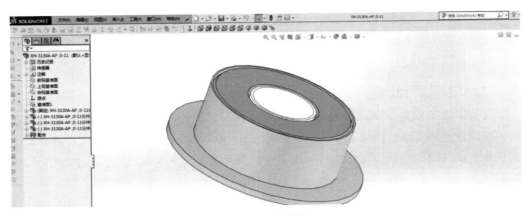

图1-9 三维模型

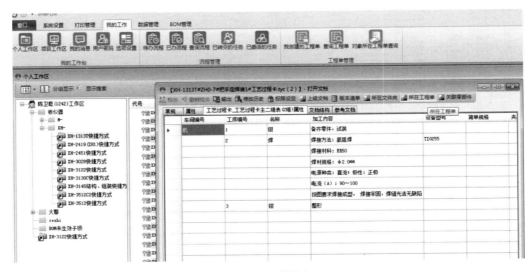

图1-10 工艺信息

配，同时提升工艺设计的可靠性，并集成各个相关业务系统，如MES、ERP系统、无纸化系统等，提高工艺发布结果的交互性和结构化程度，进而实现对工艺信息的精准传输。

（5）工艺设计标准化

对装备制造领域的企业来说，可以充分发挥工艺资源管理的作用，进一步提高工艺资源数据的标准性和规范性，确保信息在传向下游时的准确性，同时也可以借助结构化工艺模板来积累和运用各项工艺知识。具体来说，工艺资源如图1-11所示。

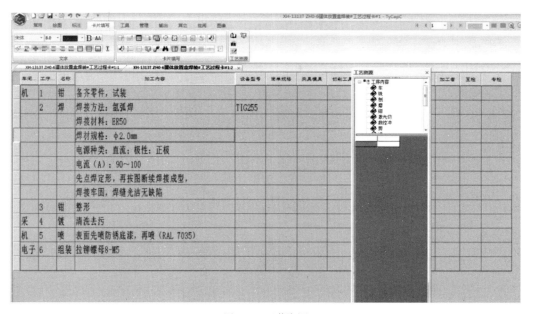

图 1-11 工艺资源

第 2 章
数控机床技术与应用

2.1 数控机床技术的演变特征与发展

2.1.1 数控机床技术的演变路径

作为"工作母机"，机床贯穿了工业化发展的全过程。自18世纪工业革命开始，在不同的工业化阶段，机床的制造技术也不尽相同，这使得其身上带有浓重的时代特点。如图2-1所示，机床自诞生以来共经历了四个发展阶段，它们分别是以机械提供主要动力、使用手工进行操作的工业1.0阶段；以内燃机发电提供主要动力、使用数字技术进行控制的工业2.0阶段；使用计算机进行控制的工业3.0阶段；工业4.0阶段的代表是在数字化技术支撑下使用云解决方案进行控制的赛博物理机床（Cyber-physical machinetool）。

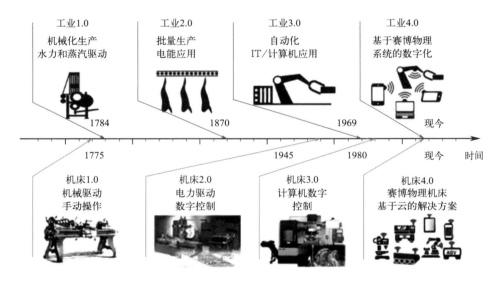

图2-1 工业与机床进化史

其中，数控机床在发展过程中经历了以下几个关键时间点。

1946年，世界上第一台电子计算机（ENIAC）在美国宾夕法尼亚大学被正式使用，紧接着，第一台数控机床也"站在计算机技术的肩膀上"被麻省理工学院的教授和学生研发出来，这也是制造技术史上的一次重大突破。在技术方面，数控机床集成了数字编程、程序执行、伺服控制等多种技术，主要通过零件图样和数字化信息之间的转化实现传输。控制程序对数据进行处理后下达操作指令，从而使机床按照一定轨迹和方式运行，实现零件的加工与生产。

在此之后，机床与电子、计算机、信息技术等的发展便紧密联系起来。为了实现自动化编程，进一步提高工作效率，后来出现了 automatically programmed tools，即自动化编程工具，其最大的突破在于使用计算机代替人工进行编程，大大缩短了编程周期，而后，又出现了两种更为高效的新技术，即 computer-aided design 和 computer aided manufacturing，即借助计算机进行设计和制造工作。上述技术面世后均在机床制造领域得到了广泛应用，由此，制造数字化时代逐渐拉开帷幕。

数字控制思想和方法、软硬件相结合、多学科交叉是数控机床和数控技术的天然特点，因而电子技术和信息技术的发展推动了数控机床和数控技术的进步，如图 2-2 所示。

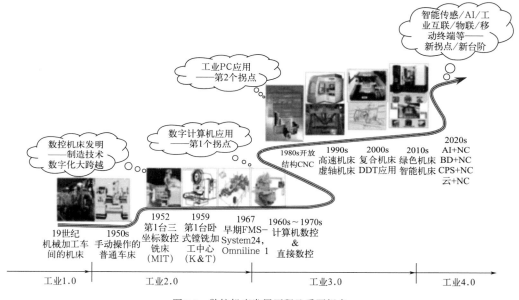

图 2-2　数控机床发展历程及重要拐点

在发展的最初阶段，电子真空管是构成数控装置计算单元的主要部件。在此之后，计算机的运算处理能力在晶体管、集成电路、电子计算机等技术的帮助下获得了进一步提升，计算结果更加精确可靠，此时，数控机床迎来整个发展周期中的第一个关键转折点——进行机床数字控制的主要装置由分立元件变为计算机。数控机床逐渐引入实际工业生产场景。

数控机床技术的第二个关键转折点随着 PC 机（personal computer，PC）的发展而来临。20 世纪 80 年代，IBM 公司推出了一款个人微型计算机 IBM5150，再一次变革了机床的数控方式，通用的 PC 化计算机数控代替了机床厂商所开发的专用数控装置。同时，具有应用系统的可移植性和可剪裁性、网络上各节点机间的互操作性和易于从多方获得软件能力的 CNC（computer numerical control，计算机数控）系统也紧随其后，进一步对数控技术的数字化、网络化起到了推动作用。以此为基础，高速机床、虚拟轴机床、复合加工机床等新技术层出不穷，并逐渐在数控机床制造领域大放异彩。

21世纪以来，越来越多的专家学者将数控技术研究的重点转移到智能化数控方向上来，数控机床由此迎来第三个关键转折点。在信息技术、人工智能技术等前沿技术的支撑下，数控技术与智能传感、物联网、大数据、数字孪生、赛博物理系统、云计算和人工智能等新技术的深度融合，为数控技术走向新的巅峰——赛博物理融合的新一代智能数控奠定了基础。

2.1.2　数控机床技术的发展特征

数控机床的分类受多种因素的影响，其中既包括数控机床本身的物理条件，如机床性能；又包括数控机床所选用的加工方案，如加工工艺；同时还包括数控机床在运行中各部分的配合方式，如运动方式、伺服控制方式等。另外，数控机床的加工效果也是对其进行分类的一种依据，主要通过加工对象（零件）表面形成的工艺特点进行呈现，此种方法下数控机床可以分为以配套刀具对金属进行加工的金属切削机床和通过配套模具对金属施加强作用力的数控金属成形机床两大类。

近年来，随着材料技术的发展，数控机床加工的零件材料也跟随其步伐处于动态变化之中，在原有的金属材料的基础上还拓展出了复合材料、陶瓷材料等新的种类，并带动了相关加工工艺的变革。

目前，数控机床的发展主要呈现出如图2-3所示的几个方面的特征。

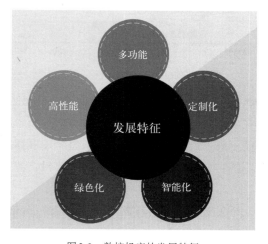

图2-3　数控机床的发展特征

（1）高性能

在数控机床的发展中，在加工精度、切削速度、加工用时和加工稳定上进行提升是技术进步的最基本体现，也是技术革新的首要目标。在未来，数控机床将继续追求性能的提升，例如通过对整机结构进行科学设计，使之更好地满足机械要求，并保证质量；

在技术突破方面，通过先进的控制系统和高算力的数学算法对一些技术难点加以解决，如复杂曲线、曲面的高精度加工；在加工精度方面，灵活运用数字化技术对加工过程进行优化，通过工艺仿真、升级的静动态刚度设计、自稳定性技术等使加工过程更加稳定可靠。

（2）多功能

在加工方式上，数控机床经历了多个阶段，从最初的各类切削加工工艺复合，到之后的结合生产需要有选择地对成形方法进行组合，再到后来的数控机床数字化（推动数控机床与机器人融合），在这一过程中，加工工艺不断复杂化，加工程度不断提高；在加工工序上，从传统的严格按照先后加工顺序进行的"CAD-CAM-CNC"串行加工，逐渐转变为以3D实体模型为支撑的"CAD + CAM + CNC集成"并行一步式加工。此外，数控机床网络互联的对象也趋于丰富，从不同机器之间的网络化互联，进化到与运行相关的机器、人员以及物料等多要素的互联。

（3）定制化

基于各种先进技术，数控机床的生产不再局限于以往统一标准的批量式生产，而是能够进一步根据需求侧的要求提供定制化生产和定制化服务，如改变机床结构与系统参数，根据用户要求进行故障诊断、运行维护等。这些定制化开发与定制化服务的实现主要是因为当前机械制造方面的模块化制造、制造过程由电子控制的特点，通过模块化设计、可重构配置、网络化协同等技术加以实现。

（4）智能化

基于各种传感器，数控机床能够及时收集相关的工作及加工信息，其控制装置中的信息处理器能够在接收这些信息后进行处理、建模，分析加工过程，从而做出响应，实现对机床及加工过程的监测与管理，并在需要时下达相应的指令对各项参数加以调节，以保证加工过程中机床始终处于最优状态，实现高效、柔性和自适应加工。未来，随着大数据、人工智能、数字孪生等技术的发展，数控机床的自动化和智能化水平将进一步提升，并具备实时感知、多方互联、主动学习、自主决策和自适应特征。

（5）绿色化

随着工业发展低排放、绿色可持续理念的发展，机床技术未来将在设计上逐渐向轻量化、低能耗、高功效的方向发展，并将避免或减少各个加工过程中污染物的产生。

2.1.3　数控机床产业的发展模式

数控技术自研发问世后便以极快的速度完成了其市场化过程，而市场化的竞争模式又刺激其不断进行改革升级。一些业内规模较大的数控系统企业（如发那科、西门子、三菱等）掌握了数控研究开发领域的高精尖技术，展现出百舸争流的健康发展态势。数控系统是机床、机器人等主机设备的核心，因而数控系统与之相互依存，联系紧密，这也推动了产业之间的融合发展。从数控系统企业与主机厂的关系来看，数控系统产业有3种发展模式，如图2-4所示。

图2-4　数控系统产业的发展模式

（1）西门子模式

主要是数控系统按照一定的标准批量大规模生产不同规格参数的数控系统，为主机厂提供配套产品。这种模式的优点在于主机厂与数控系统企业可以各自在其专长领域进行专业化的大规模产品生产。缺点是由于双方仅仅是主产品生产商与配套产品供应商之间的买卖关系，未形成产业间的横向合作，无法进行知识产权的共享，因此两类产品之间的匹配程度不高，功能针对性不强。

（2）哈斯模式

主机厂在进行主机生产的同时独立开发配套的数控系统，进行二者的捆绑销售。该模式的优点在于主机出厂即带有配套的数控系统，二者相配合功能完成度更好，且主机的销售将带动数控系统的推广。缺点是主机厂独有品牌的数控系统通用性较差，仅能和同品牌主机进行适配。

（3）马扎克模式

主机厂与数控系统企业展开合作，利用其开发平台进行本品牌数控系统的自主研发，搭配主机进行销售。这一模式对"西门子模式"和"哈斯模式"扬长避短，既让数控系统能够更好地匹配主机厂的特色化需求，数控系统企业所提供的研发平台又解决了数控系统的通配性问题。此外，该模式还大大降低了成本投入并获得了更好的发展收益——利用现有平台进行数控系统开发的成本远低于自主开发的投入成本，且节省了数控系统的采购成本。而系统随主机销售一起推广，又能够快速提升主机厂的品牌效应，增加用户黏性。

2.2　数控机床的机械结构与系统组成

2.2.1　数控机床结构及关键装置

数控机床改变了传统机械加工的控制方式，提升了机械加工工艺水平，让加工过程实现了自动化，使得加工效率大幅提升。数控机床的机械结构如图2-5所示。

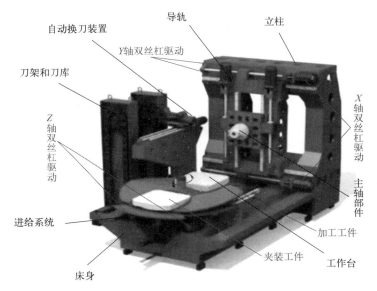

图2-5　数控机床的机械结构

（1）数控机床机械结构的特点

①结构简单，能实现较高程度的自动化。根据结构方案不同，可分为两种情况：若采用"旋转电机+滚珠丝杠进给系统"方案，需要配置结构简单的主轴箱和进给箱，旋转电机与主轴和滚珠丝杠进行连接；若采用性能更好的直线电动机、电主轴方案，则以一个运动部件实现直线运动，不需要配置丝杠和主轴箱。

②普遍采用高效、不间断传动装置。数控机床经常使用的滚珠丝杠副、塑料滑动导轨、静压导轨、直线导轨等传动元件摩擦系数较小，能够实现高速、高效率传动。

③部分特殊部件能够适应无人化、柔性化加工。数控机床配备有自动换刀装置、动力刀架、自动排屑装置、自动润滑装置等，对于人工控制的依赖程度更低，能够快速适应市场需求的变化、产品设计的更新以及制造过程中的变动。

④所用机械结构、零部件的标准化程度更高。主要表现在刚度、功率、精度、抗振性等方面。这是由数控机床的工作特点和工作要求所决定的，只有粗精合一，才能够

满足其应用场景下高速度、高精度、高效率和无人化生产的要求。

根据数控机床的结构特点，可以有针对性地从以下几个方面提升数控机床的性能，包括提升电主轴、传动机械、滚动功能部件的刚度，保证机床刀具运动的精确度和稳定性；对机床进行一定的防振改造；优化机床材料或减少放热量，做好数控机床布局规划；等等。

（2）数控机床核心装置

数控机床的核心装置决定了数控机床加工的精确度、效率及运行的平稳程度。具体来看，机床的构成较为复杂，由结构件、数控系统、伺服驱动系统、传动系统、刀塔刀库以及其他零部件构成。从其制造成本来看，结构件（铸件、钣金件）、数控系统、伺服驱动系统、传动系统占总成本的比重较大。

数控装置是数控系统的"大脑"，其主要功能是对经过数字化处理的图样信息进行识别和处理，通过插补运算确定加工程序，以便向加工部件下达指令实现加工过程。加工指令主要以控制量的形式进行输出，包括传输至驱动控制装置处的连续控制量和送往电气逻辑控制装置处的离散开关控制量。

驱动控制装置的作用是接收来自数控装置的指令信息，经功率放大、整形处理后，转换成机床执行部件的直线位移或角位移运动。主要由伺服驱动装置和主轴驱动装置构成。其中，伺服进给驱动装置构成部分包括速度控制单元、电动机和测量反馈单元，该部分负责执行驱动指令对受控部件进行驱动；主轴驱动装置由速度控制单元和电动机构成，速度控制单元对整个主轴驱动装置进行控制，电动机（步进电动机、直流电动机、交流电动机）负责提供动力来源，主要负责驱动主轴进行切削运动。

电气逻辑控制装置的主要作用是接收数控装置所传输的离散开关控制量信息，对机床主轴的速度、启停、方向进行控制。此外，其还负责完成一些辅助功能，包括换刀、工件装夹、冷却、液压、气动、润滑系统控制等。电气逻辑控制装置一般分为采用电子控制器件进行控制的继电器控制线路和采用内置微处理器的数字电子设备进行控制的可编程逻辑控制器两种。

从作为数控系统核心硬件的数控装置的发展来看，数值控制（numerical control,NC）系统正渐渐被计算机数控系统所取代。不同于数值控制系统仅仅借助电子硬件实现控制功能，计算机数控系统由软件和硬件共同配合完成数控功能。其中，硬件负责对信息进行接收、识别、储存、输出，而软件则在此基础上对图形进行显示、诊断系统，进行算法控制、智能控制等，从而使控制系统的功能进一步完善。此外，在现代的数控系统中，对于主轴和机床上各类继电器的控制逻辑不再需要电气逻辑控制装置，而是由可编程逻辑控制器来实现这一功能。其中，可编程逻辑控制器根据安装方式分为独立型可编程逻辑控制器与内装型可编程逻辑控制器两类。如图2-6所示，对数控装置的工作原理进行了介绍。

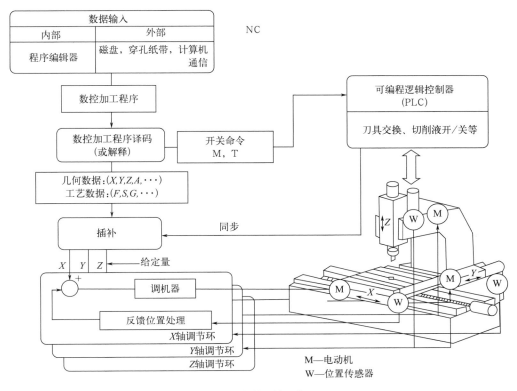

图2-6 数控装置的工作原理

2.2.2 数控机床的主传动系统

主传动系统的主要功能是通过动力传动和运动传动来实现机床的主运动，其是完成材料加工的运动基础。主传动系统的各项参数具有一定的可调节性，能够根据刀具材料、加工材料、工件尺寸、工件加工要求等条件对其转速进行调节。同时，其对于运动的启停、速度、方向、制动等具有调节控制功能。

数控机床的主传动系统主要由电动机、传动系、主轴部件组成，相较于普通铣床的主传动装置，具有更加简单的结构。出现这种情况的主要原因在于，数控机床变速功能的实现与传统铣床不同，不再依赖于通过复杂的机械齿轮结构逐级驱动完成变速，而是直接由主轴电动机通过改变电动机转速来实现连续调速，使得变速过程中能够保持速度的稳定。因而数控机床仅在需要扩大连续调速范围的情况下保留了部分齿轮变速结构，一般情况下则不再配置该结构。

数控机床的主传动系统以主轴电动机来提供动力，一般采用直流电或交流电。启动后，电动机拖动工作机械，以传动带和变速齿轮为传递装置，实现主轴的旋转。转矩和转速是决定主轴电动机输出功率的主要因素，切削速度越高，消耗的功率越大，转矩越小，通过调节电动机的转速可以实现主轴传动变速。部分情况下，电动机的有效转速范围不能完全与主轴变速需要相匹配，因而主轴箱会进行相应的变速设置，以更好地贴合实际需求。一些小型或对于调速范围要求不高的数控铣床会省去变速齿轮和主轴箱，直接由电动机转子作为机床主轴的电主轴，使得传动装置的结构更加紧凑，转速、精度和稳定性也更高。数控机床主传动系统的变速方式如表2-1所示。

表2-1　数控机床主传动系统的变速方式

变速方式	二级以上齿轮变速系统	一级带传动变速方式	调速电动机直接驱动方式
图片			
原理	多采用齿轮变速结构，滑移齿轮的移位大都采用液压驱动，因数控机床使用可无级变速交流、直流电动机，所以经齿轮变速后，可以实现分段无级变速，调速范围增加	多采用带（同步齿形带）传动装置	电动机转子即为机床主轴的电动机主轴，简称电主轴
优点	能够满足各种切削运动的转矩输出，且具有大范围调节速度的能力	结构简单，安装调试方便，且在一定条件下能满足转速与转矩的输出要求，可以避免齿轮传动时引起的振动与噪声	结构紧凑、占用空间少，转换频率高，具有高转速、高精度、高稳定性
缺点	结构复杂，需要增加润滑及温度控制装置，成本较高，制造和维修也比较困难	调速范围受电动机调速范围的约束	转速的变化及转矩的输出和电动机输出特性完全一致，电动机发热对主轴精度有一定影响
应用领域	大中型数控机床	低转矩特性要求的主轴	中高端数控机床

随着数控机床主轴相关技术的不断发展，非调速的交流电动机诞生。这类电动机相比于直流电机结构进一步简化，且惯量更小，成本低且便于维护，但其调速范围远小于直流电机。

总的来看，数控机床的主轴经历了主轴箱进行传动的机械式主轴、电动机与主轴一体化的电主轴、高速电主轴、高刚性大转矩高速电主轴和智能式主轴等阶段，发展特点表现为结构更加简单、转速更高、更稳定、更易控制。其中，机械主轴作为最早使用的机床主轴，主要通过电动机带动齿轮转动，经传动实现主轴转动，该类主轴具有良好的刚性，具有低速大转矩（无须额外配置减速器）、大功率等优势，多用于切削速度较低、切削厚度较大、刀具前角较小的重切削。

工业制造市场化的推进要求机器加工制造的效率更高、质量更好、生产过程安全性更好且成本较低，相应的，数控机床在生产效率、加工精度、稳定性等方面也需要不断改进。传统的机械主轴虽然在一些特定的应用场景中具有一定的性能优势，但随着实际需求的不断改变,其低转速、低精度和低平稳性的缺陷愈加凸显,因而在一些领域中,性能更高的电主轴在中高端数控机床中的应用宣告了机械主轴的退场。为了更好地与生产要求相匹配,电主轴在保持自身原有优点的基础上,不断通过调高低速段的输出转矩以扩展其所适用的应用场景,使之在低速重切削和高速精加工领域都具有良好的表现。

当前,一些工业现代化水平较高的国家如美国、德国、日本、瑞士、意大利等,由于具有良好的工业基础和技术支撑,且电主轴更切合未来市场的发展需要,主轴市场已经基本完成了由机械主轴到电主轴的升级。而在国内,电主轴的技术尚未成熟,且当前的工业发展水平仍不足以支持市场上电主轴对机械主轴的大规模升级替换。但机械主轴凭借技术成熟、结构简单、易于维护等优点以及在低速重切削方面的良好表现,仍在国内机床主轴市场占有一定份额。

2.2.3　数控机床伺服进给系统

作为一种自动控制系统,伺服进给系统主要通过改变运动部件的运动速度和位置实现对机床的控制,其主要应用于数控装置下达指令后、主传动系统开始传动的过程中。该系统由负责提供动力的驱动单元(电机)、负责改变运动部件位置的位置控制单元、负责改变运动部件速度的速度控制单元、负责对整个控制过程进行监管的检测与反馈单元以及保障动作顺利执行的机械传动部件构成。在机床中,信号由数控装置发出,随后由伺服驱动电路捕捉并进行处理(转换、放大),此时伺服驱动装置和机械传动机构相互配合,按照信号中的指令内容执行对机床机械执行部件的驱动,实现进给运动。同时检测与反馈单元会对工作台上部件的位置和速度进行检测,并将相关信息反馈至位置控制模块和速度控制单元,以及时做出调整,保证进给正常。具体工作原理如图2-7所示。

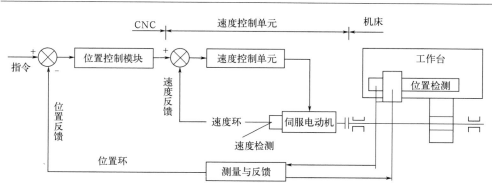

图2-7　伺服进给系统的工作原理

伺服进给系统能够对执行部件的速度、位移量等运动状态进行精准控制，此外其还能预设执行部件的最佳运动轨迹，并驱动执行部件按照一定规律进行运动，使实际运动所合成的运动轨迹与预设轨迹相吻合。伺服进给系统的几个关键指标主要包括：

① 精度要求。根据数控系统性能不同而有所差别，性能越高驱动控制精度越高，低性能数控系统精度一般在0.01mm，高性能数控系统精度在1μm甚至是0.1μm。

② 响应速度。为保证轮廓切削形状各项数值精确以及表面光滑，需要能够快速定位指令信号并做出反应，确保加工零件符合设定值。

③ 调速范围。为了满足不同的零件加工要求，数控机床需要使用不同的加工刀具对不同的材料进行加工。为了适应这些变量条件，伺服进给系统的调速范围需要足够宽。

④ 低速、大转矩。为了更好地适应高功率、大切深、重负荷、长时间的重切削场景，驱动系统的转矩要足够大，以提供更高的输出功率。

⑤ 运动部件惯量小。运动部件绕轴旋转时惯量越小，伺服机构的启动、制动响应速度越快，尤其是当零部件处于高速运转中时，惯量过大的不良部件会对其造成一定扰动，影响其稳定性，因此要尽量在保证功能实现的基础上选用质量和直径较小的惯性部件。

⑥ 摩擦阻力小。要保证系统的快速响应和运动精确性，必须降低运动过程中产生的摩擦阻力，避免摩擦力带来的扰动。一般采用滚珠丝杠螺母副、静压丝杠螺母副、滚动导轨、静压导轨、塑料导轨减小摩擦阻力。此外，各个运动部件之间还要有一定的阻尼，减小机械结构的共振振幅，防止结构被破坏。

2.2.4　数控机床位置检测系统

在进行插补计算后，机器会出现位置变化，而数控系统的位置控制功能本质上就是通过对比运动后位置的理论值与实际值实现的。通过实际值与理论值的差值对进给电机进行控制，使其趋向于预设值。在这个过程中，需要配置专门的位置检测装置对实际反馈位置信息进行采集。

由于不同类型的数控机床所应用的场景不同，其工作环境和检测要求也存在差异，这直接决定了其检测方式的选择。中高档数控机床多采用对整个系统最终执行环节的驱动环节进行检测的半闭环控制系统，而全功能数控机床多采用对整个系统的最终执行环节进行监控的方式。

对于采用半闭环方式进行控制的数控机床，主要应用角位移检测装置完成检测工作。该装置主要安装在开环控制系统的伺服机构中，由于伺服机构的滚珠丝杠的转动角度与工作台位移存在严格的对应关系，因而角位移检测器能够通过对滚珠丝杠转角的检测获取工作台的位移情况。但由于传动装置的传动丝杠螺母并不包含在其工作环路之内，所以部件的位移精度仍然会受螺母结构误差的影响。

对于采用闭环控制系统的数控机床，由于需要对工作台的直线位移进行直接测量，并传递给反馈系统，因而可以通过测速发电机、光电编码盘、旋转变压器等实现对位置和速度的测量。工作台运动，带动移动滑尺发生位移变化，与机床上固定的定尺相配合，实现对工作台实际位移值的测量。因此检测系统的精确程度直接决定着数控机床的加工精度。

为了适应多种运行环境，保证检测的精确性和稳定性，数控机床的位置检测系统需要具有可靠、抗干扰、便于维护、易操作、高精度、高速度等良好性能。按照机床的工作环境与工作要求进行划分，可以将机床的检测方式分为数字式、模拟式、增量式和绝对式四种。

在数控机床中，光栅测量装置因其高测量精度而获得了较多的应用。一般情况下其精度在 $1\mu m$，通过细分电路，其精度能够突破 $0.1\mu m$。根据栅距和检测对象的不同，光栅又可以细分为物理光栅和计量光栅。物理光栅刻线细，密度高，栅距范围为 $0.002 \sim 0.005mm$，主要检测对象是光谱和光波。计量光栅刻线相对较粗，分布密度低，栅距范围为 $0.004 \sim 0.25mm$，主要检测对象是数字检测系统中的运动数据。

光栅传感器是动态测量元件，需要在运动状态下进行测量。按照运动方式进行划分，光栅可以分为长光栅和圆光栅。长光栅属于线性光栅，色散角较大，主要用于直线位移的测量；圆光栅属于环形光栅，色散角较小，主要用于角度位移的测量。按照光纤在光栅中的运动路径进行划分，光栅又可以分为透射光栅和反射光栅。透射光栅一般使用玻璃材料，让光纤能够穿过完成散射；反射光栅一般使用具有高反射率的金属材料，对白光进行反射并对光进行色散。

在检测方式上，一般光栅可以在增量式和绝对值式二者之间进行选择。光栅传感器的高精度、速响应等特点使其常被应用于机床之中。一些高精度数控机床伺服系统中所配置的光栅传感器精度仅次于激光式测量。

光栅尺是数控机床中负责位置检测的重要功能部件，数控机床中常用的主要有增量式光栅尺和绝对式光栅尺两类。相较于增量式光栅尺，绝对式光栅尺可以在接通电源后直接获取到位置信息，无须"归零"操作，控制系统更简单且不需要后续细分进行绝对位置计算。因此绝对式光栅尺具有更高的工作效率、更高的精度。但在实际应用中，绝对式光栅尺技术在我国发展尚不成熟，核心技术仍被国外垄断。德国海德汉（Heidenhain）公司、日本三丰（Mitutoyo）公司等都能够生产出高性能的绝对式光栅尺，而我国在这方面主要依赖进口。在研发上，我国自1960年左右开始对相关领域进行研究，然而研究主体主要是国家科研单位，企业在此方面的自主研究能力较为薄弱。此外，当前国内大部分的光栅产品分辨率仍停留在微米水平，而国外已经达到纳米级别，且具有更高的测量精度和稳定性。

2.3 国内外数控机床系统及关键技术

2.3.1 数控系统的数字化技术

随着市场化程度的不断加深，为了追求效益最大化，人们对于制造精度、加工效率、产品成本方面的要求不断提高，这对数控系统也提出了更高的要求，要求其能够进行反馈控制、多轴联动与多通道加工，达到高速度、高精确度，并可以进行误差补偿。数控系统的数字化控制主要是通过将输入信号转化为电信号，由电子控制中心进行处理并下达相应指令，代替人工在更短的时间内实现对机器的精确控制，让数控装备能够高效、高质量地完成产品加工，以顺应高水平制造业的加工生产需要。

国内外数控系统企业均对数控系统的数字化技术在工业中的实践展开了探索。

发那科所推出的 Series 0i MODEL F、Series 0i MODEL F Plus 数控系统配备了最先进的伺服技术，其运算精度能够达到纳米级，同时实现四轴控制，具有良好的产品亲和性和向下兼容性。以该类数控系统为基础，发那科推出了 ROBONANO α-NMiA 超精密加工机，并将加工程序和超精密插补中的指令由 1nm 降至 0.1nm，与发那科超精密控制技术相结合，能够支持手表、光电子元器件、生物医药行业产品等具有高精密度要求的器件制造。

三菱 M800/M80 系列数控系统能够直接进行渐开线插补，解决了直线或圆弧拟合程序段多、精度低的问题，所创建的渐开线指令廓形平滑且衔接度好，精度高。M800/M80/C80 的 SSS-4G 的高精度控制功能能够降低机械振动的幅度，降低其振动频率，缩短加工周期，使得加工轨迹更加平滑，速度和精确度更高。

西门子 SINUMERIK 840Dsl 系列数控系统采用模块化结构设计，具有高灵活性和开放性，软件与硬件相配合的高性能架构使其具有极强的通用性，几乎适用于所有的机床方案。SINUMERIK MDynamics 工艺包括智能控制算法、高级驱动及电机技术，确保了高动态性能和加工精度，能够适应五轴铣削加工。SINUMERIK 840Di sl 数控系统能够实现 HMI（human—machine interaction，人机交互）的个性化改变，同时其数据核心部分还能够对用户指定的系统循环和功能进行调整，并涵盖了可集成到 IT 环境中的一系列综合解决方案。

国产数控系统华中数控 HNC-848D 为全数字总线式高档数控装置，支持自主开发的 NCUC 总线协议及 EtherCAT 总线协议，支持总线式全数字伺服驱动单元和绝对式伺服电机，支持总线式远程 I/O 单元、集成手持单元接口，其数字化核心功能表现为五轴联动、多轴多通道控制、双轴数字化技术等。

沈阳高精 GJ400 数控系统采用高性能开放式体系结构，支持 PLC、宏程序、外部功能调用等扩展功能，支持多种操作系统的运行，并能够进行功能的扩展与定制修改。其所采用的刀片式处理器模块性能极高，最小指令单位达到 0.001μm。

北京精雕 JD50 数控系统采用自主研发的 CAD/CAM 软件 SurfMill8.0、JDSoft ArtForm3.0 编程，具有工件位置误差补偿、工步切削余量检测、加工路径智能修正、精雕在机检测等核心功能，支持多种工件位置误差补偿方法，可以在加工过程中根据材料切削余量及时进行工艺修正，能够实现四轴旋转加工、曲面造型等功能，扩大了数控系统进行加工的操作空间，在产品加工质量与加工效率方面取得了较大进步。

配备 JD50 数控系统的 JDGR400、JDGR200V 等系列五轴高速加工中心和 JDLVM400P 高光加工机均表现出极为优良的性能特点，其主轴最高转速可达 28000 ~ 36000r/min，进给量可达 0.1μm，切削量可达 1μm。加工的高光产品表面粗糙度低至 Ra20nm。

广州数控的 GSK25i 系列加工中心数控系统，是基于 Linux 的开放式系统，配置的新一代 CNC 控制器，采用 100M 工业以太网总线进行数据通信，可以实现 6 轴 5 联动，最大进给速度可达 200m/min；GSK 980MDi 系列能够实现 6 轴 6 联动控制，最小控制精度 0.1μm，最高移动速度 100m/min，支持伺服参数在线配置、伺服状态在线监测及无挡块机械回零等功能；GSK 27 系列数控系统基于 32 位高性能工业级 ARM、DSP（数字信号处理器）和 FPGA（现场可编程门阵列）多处理器的架构设计，运算速度快，控制精度高，可实现纳米级插补，支持最大 8 通道，64 轴控制。

数字化技术的应用，能够实现对机器的高速度、高精度、多轴、多通道控制，确保数控系统的精确性和可靠性，以满足当前装备高端制造过程中对加工精度和加工效率的要求。数控系统数字化阶段所涉及的技术包括现场通信总线、软件二次开发、多轴多通道、高速度高精度控制，这些技术均已发展得比较完善，能够代替人进行相关的机器控制操作和机器运行情况检测分析，提升设备加工的效率和精度。

2.3.2　数控系统的网络化技术

现代信息技术的发展，推动了数控技术的网络化和智能化。相较于数字化技术，数控网络化技术能够依赖智能传感技术强大的信息采集能力和网络化技术极强的信息处理与通信能力，使得设备对于外部信息的感知能力以及与环境的交互能力进一步增强，由此数控系统便被赋予了感知和思考能力，可以深入整合各类制造信息，更大程度发挥设备功能并提高设备的制造效率。

接口和通信协议是实现通信和传输的保障，因此具有统一标准的接口是数控系统实现网络化的前提条件。数控网络化是现阶段数控技术发展的主要趋势之一，当前国内外主流数控系统都配置了这一功能。

最早具有网络化功能的数控系统是马扎克在1998年推出的MAZATROL FUSION 640，该系统首次实现了数字控制技术与PC的融合，其可提供的服务包括对机床企业提供网络维修服务，从而迈出了数控系统网络化的第一步。以数据平滑技术（smooth）为基础的MAZATROL Smooth MTConnect❶的方式采集并解析数据，并配备了标准网络接口，被采集的数据在解析后通过网络进行传输，被机器、柔性制造系统（flexible manufacturing system，FMS）和刀具管理软件进行三方共享。

马扎克的智能工厂（iSMART Factory）已经完成了全球生产服务体系的建设，工厂的制造单元与系统均采用全数字集成。物联网技术所实现的对象与网络的互联互通和MT-Connect协议所提供的丰富且详细的、对设备和数据进行描述的语义库是工厂实现智能化管理和制造的重要支撑。iSMART Factory主要通过传感器采集各个车间、单元、设备的数据，通过网络传输、数据共享、销售、生产及管理将这些数据串联起来，实现对车间、单元、设备的管理与监控。

发那科还推出了30i系列数控系统，包括30i、31i、32i和35i，其网络化功能更加丰富，可以对工业网络和现场网络进行接入，在接入网络后，该系统能够远程连接其他设备，对设备上的文件进行访问管理。Series 0i MODEL F、Series 0i MODEL F Plus系列数控系统可以接入以太网或现场网络，随后对各类已经收集到的信息进行处理，并传输至已经连接的多台周边设备，并将相关的信息和数据同步至显示屏，从而实现对信息和机床工况的实时监管，提升工厂的整体加工效率。

发那科Field系统利用物联网所实现的交流互通与大数据所提供的数据获取、存储、管理、分析等方面的优势，随时监测数控设备的情况。此外，发那科数控系统的零停机时间意在通过工作时间内全功能、全时间段的设备状态与生产情况监管，对可能导致停机的威胁及时进行响应，从而大大减少因故障停机拖慢生产进度的情况，在减少劳动成本的同时也让机器始终处于健康的运行状态，避免带来较大损失。

西门子SINUMERIK 808D、828D及840D sl系列数控系统对射频识别技术（radio frequency identification，RFID）进行了应用，通过无线电识别和一维及二维代码自动捕获刀具运动数据，获取刀具运动轨迹。该系列数控系统采用SIMATIC HMI面板，功能涵盖机器层的可视化任务以及基于PC的多用户系统上的SCADA（监控与数据采集系统）应用，解决了特定调整或管理大型复杂应用程序的难题。此外，西门子的产品生命周期管理（PLM）软件，包括SINUMERIK Manufacturing Excellence、培训课程以及用于实现统一CAD/CAM-CNC过程链的解决方案，能够对产品生产过程进行虚拟调试，实现生产环节的网络化信息管理。

---

❶ MTConnect是美国机械制造技术协会于2006年提出并主导的数控设备互联通信协议。

基于云的物联网系统MindSphere将产品、工厂、系统和机器设备进行连接，使企业可以对各个设备端口进行访问，使用高级分析功能对物联网所产生的海量数据进行处理，展示了其为企业提供自动化、监控和成本优化支持的能力。

德玛吉的CELOS数控系统能够为用户提供持续管理、文档查看，显示任务单、加工过程和机床数据的功能，通过与企业信息化网络中的CAD/CAM、MES、ERP及PDM（产品数据管理）等信息化软件进行连接，将车间生产与企业高层组织进行整合，有效缩短了产品从概念设计到落地的周期，实现了产品生命周期内的智能化信息管理。

力士乐的IndraMotion MTX数控系统使用了IndraDrive驱动器和IndraDyn电机，通过将控制系统与IndraControl V产品系列操作面板结合使用，实现了操作的可视化和功能的集成化，且其所具有的强交互功能，能够实现人、设备与产品的实时互联和信息交互，使得制造过程更加灵活高效。

国产数控系统企业同样在数控系统网络化技术方面取得了一定成果。

由华中数控开发的数控系统云平台（iNC-Cloud）以数控系统为核心，提供了产品设计、报警信息、生产状态、生产效率等方面的相关信息，为数控机床及系统用户提供网络化和智能化服务，借助配套的数控云管家app，用户能快速查看各机床运行状态，获取产量、异常信息报警等。云数据中心能够为数控系统提供大数据分析、数据统计、数据可视化等服务，以对生产全过程进行监管。

沈阳机床推出了i5智能数控系统，即赋予数控系统工业化、信息化、网络化、智能化和集成化特征。i5技术具有天然的互联网属性，能够将机床数据实时传输至工业互联网信息平台iSESOL（i-smart engineering & services online），从而实现了机床的端到端集成。iSESOL网络为车间所有的设备提供了接入端口，i5智能设备和非i5智能设备分别可以通过iPort协议和网关接入iSESOL网络，从而使所有的设备进行互联，端到端进行集成，形成闭环流程。

研华数控的WebAccess云端系统具有较强的兼容性，可以实现与主流智能工厂（如发那科、西门子等品牌）旗下数控设备的灵活连接，并自动为其所连接的设备建立数据资料库，提供相应的数据分析、云计算等云端服务。T5800系列高速高精车床数控系统支持EtherCAT工业总线通信协议，能够与即时智能感测模块进行连接，接收传感器所采集的数据。此外，与WebAccess云端系统进行配套使用，能够实现数据从端到边到云的无缝连接，为企业未来的数字化、互联互通、协同智能平台的建设提供强有力支撑。

2.3.3　数控系统的智能化技术

数控系统智能化的主要着眼点为生产工艺的优化、产品质量的提升以及生产管理的改善，其最终目的是顺应市场需要，在保证加工质量、效率和生产稳定性的同时，最大程度地减少能耗、节省成本。

目前，在数控系统智能化技术方面走在前列的国家主要是日本、德国等数控强国。

马扎克推出的第六代数控系统MAZATROL MATRI X当前已经实现了7项智能化功能，包括主轴监测、自主反馈、车削工作平台动态平衡等，通过Palletech预先设定，使机床与工厂的自动化系统相适应，更加适应工件多样化和无人化生产要求。

马扎克第七代数控系统MAZATROL Smooth X基于Smooth技术，能够实现的智能化功能已达到12项，包括热补偿、智能校准、智能送料等。其将加工、编程、刀具数据、设置、维护保养等进程分为5个部分，分别设置了HOME画面。这样可以使进行状况一目了然，还可以预防设定错误和作业遗忘，具有更直观的可操作性。

德玛吉的CELOS数控系统操作界面采用了21.5英寸（1英寸＝25.4mm）的智能触控面板。德玛吉应用程序囊括了产品设计、产品规划、产品生产、产品监控、产品服务五个环节，其智能化功能包括刀具管理、数据管理、机床工况监测与远程故障诊断。同时，德玛吉应用程序直接接入企业信息网络，建立了车间与企业管理层之间的直接联系，便于企业对生产情况的监管以及成品的快速落地，使得数控系统的网络化辐射将不再局限于产品加工，而是能够拓展至整个企业的生产管理。此外，德玛吉与舍弗勒共同开发的DMC 80 FD douBLOCK车铣复合加工中心能够实现对机床状态的远程实时监测，一次装夹就可完成铣削和车削加工，DirectDrive直驱工作台转速达800r/min，具有极高的精确度。搭配CELOS数控软件，真正实现了将DMG MORI机床和车间数字化。

大隈的OPS-P300A数控系统应用功能实现了进一步丰富，大幅提升了加工现场操作的便捷程度，支持PDF/STL阅读器，各种数据表格/程序文件的列表操作、编程操作，使得加工操作进一步走向简单化、便捷化。其操作面板可常规显示3个用于加工的suite应用，并采用了一键启动模式，大幅提高了各个加工环节的效率。此外，其还具有热误差测量与补偿、伺服控制优化、几何误差测量与补偿、刀具寿命预测等智能化功能。

发那科的Series 0i MODEL F、Series 0i MODEL F Plus数控系统针对机床的进给轴和主轴分别进行了不同的功能设计，使得其各自的性能得到进一步提升。针对进给轴，该系统能够进行智能加减速、智能重叠、智能反向间隙补偿、智能机床前端点控制等操作；针对主轴，则可进行智能刚性攻螺纹、智能温度控制、智能主轴负载控制及智能主轴加减速等操作。

西门子开发的数控机床数字孪生技术同样大大提高了机床的智能化水平，在具体加工过程中能够通过对传感模块所采集到的环境信息与机床实时工况进行分析，从而进行自主编程和调试，使得机器运转始终处于最优状态，以提高生产效率与产品附加值。

海德汉的TNC640数控系统"扩展工作区"将计算机和外部应用程序无缝集成在数控系统显示屏上，实现了双屏显示；动态碰撞监测功能监测工作区，能够在可能的碰撞发生前停止机床运动，避免机床损坏和停机。即使在高速进给和复杂运动中，也能提高机床轮廓加工精度，确保了高效率的生产加工。

国产数控系统企业同样在智能化技术发展方面不断探索。

沈阳机床i5智能数控系统开发出了智能误差矫正、智能诊断、智能主轴控制等多项功能。华中数控HNC-848D数控系统开发了配套使用的手机app，能够实现热误差补偿、智能刀具寿命管理、机床健康保障、加工工艺参数优化、智能高速高精加工等功能。

宝元推出的智能传感器SVI系列能够自动识别并处理加工过程中的关键数据如振动数据、离散故障数据等，对其进行分析后做出判断，如发现问题会及时发出报警。此外其内部的快速傅里叶变换（fast fourier transform,FFT）算法、主轴诊断等功能都使得数控系统的智能化程度进一步提升。宝元的IFC（industry 4.0 controller）智能平台则支持Ether IO接入各类传感器，对加工过程实现精确监管，同时在必要时做出快速响应。

总而言之，数控系统的智能化时代正一步步到来，其主要表现为两方面：一是智能数控系统的交互性更强，其控制面板实现了如当前智能电子便携设备一样的对话功能，并借助人工智能、物联网、大数据等新兴技术逐渐实现了智能化生产所需要的各项功能，如智能化监控与诊断、智能化误差补偿、智能化信息管理等；二是大量软硬件设备与平台的接入，使数控系统的功能应用场景不断丰富，由加工过程扩展到全生命周期，并向着专业化、定制化方向发展。

2.4 数控机床装备互联互通互操作标准

2.4.1 数控机床大数据主要类型

机械制造业是工业中的一大支柱产业，其革新与发展对工业进步升级非常重要。21世纪以来，科技创新、前沿技术拉开了工业4.0时代的帷幕，也为制造业带来了新的发展东风。结合各国发展现状，智能制造正成为制造业发展的新方向。为了抢占发展优势，全球各国积极出台相应政策文件，为制造业实现数字化转型提供支持。

为了推动工业转型，德国开始实施工业4.0战略，积极建设智能工厂和智能制造创新中心；美国发布《国家制造业创新网络：一个初步设计》，并将制造业创新作为国家经济发展工作中的一项重点内容，在技术研发领域进行重点投入，推动制造业升级；日本结合本国工业发展实际提出了工业价值链参考架构，汇聚多个制造企业力量，打造能够综合运用现代化技术、具有智能制造能力的日本智能制造联合体，并逐步推进国内智能互联工厂建设，为国内制造业的智能化转型提供支撑；英国在《英国工业2050战略》中提出"服务+再制造"模式，将数字技术融入制造业中，对传统供应链进行创新升级；我国发布《中国制造2025》，并提出"加快推动新一代信息技术与制造技术融合发展，把智能制造作为两化深度融合的主攻方向"。

从本质上来看，智能制造指的是制造技术和制造系统实现全面数字化，而实现智能制造的关键是生产制造所需的机床、机器人、量仪具和传感器等数控机床设备均实现智能化和互联互通。

数据对于数控机床的运行意义重大。数控机床在运行时，各个环节都需要进行指令下达，同时不同环节之间也要通过信息交流进行衔接，而这些主要通过数据的流通实现。此外，数据还对数控机床运行过程中的分析决策与反馈控制功能的实现起到重要的支撑作用，同时也是参与智能制造过程的各个数控机床之间实现信息交互的关键。数控机床大数据，即数控机床上负责各种功能实现的部件在工作过程中产生的数据，这类功能部件包括丝杆控制器和伺服系统等。以部件的结构特点与主要用途为依据，可将数据划分为5种类型，如图2-8所示。

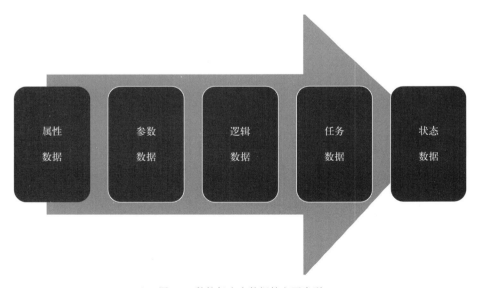

图2-8　数控机床大数据的主要类型

（1）属性数据

数控机床的属性数据主要涉及机床构造、部件类型、机床生产日期和机床生产厂家等内容，这些数据具有较强的稳定性，并不会在机床生命周期中出现变化。

（2）参数数据

参数数据主要产生于数控系统，其功能是对机床工作过程中出现的各种物理变化进行量化，主要包含轴参数、通道参数、设备参数和 NC 参数等数据，这些数据能够为智能制造系统加强对生产过程的控制提供支持。

（3）逻辑数据

数控机床可以充分发挥可编程逻辑控制器（programmable logic controller，PLC）的作用，借助相应的程序协调控制各项相关部件的运行逻辑，让各个部件在运行过程中可以相互配合，进而实现准备、控制、插补、进给、补偿、监视、诊断等多种功能。具体来说，当监视和诊断模块发现异常情况时，将会向数控机床发送相应的报警信息，对机床的加工操作进行限制；当机床防护门开启时，数控机床也会被限制运行。

（4）任务数据

数控机床的任务数据指的是其在对加工任务进行描述时所用到的 G 代码。一般来说，G 代码大多来源于 CAM 系统，智能制造工厂的相关工作人员可以利用 G 代码向数控机床发送加工要求。

（5）状态数据

数控机床的状态数据主要涉及两类数据信息：一类为数控系统在机床处理工作任务时所产生的各项电控数据，主要包括跟踪误差、材料切除率、主轴功率、主轴负载电流和进给轴负载电流等数据信息；另一类为来源于外部传感器的各项物理数据和几何数据，主要包括温度、振动、切削力、热变形、空间误差、零件表面粗糙度等数据信息。智能制造行业可以利用这些数据来定量衡量零件加工的效率、质量和精度。

2.4.2　数控机床互联互通互操作

数控机床互联互通互操作指的是支持数控机床与数据应用进行信息交互的各类技术手段。

（1）数控机床互联

数控机床的互联通信需要用到多种信息交互系统中的物理部件和介质，具体来说，主要涉及设备本体、传输介质和通信接口三项内容。近年来，计算机通信技术快速发展，数控机床的互联通信方式也得到了升级。就目前来看，以太网具有实时性强、可靠性强等诸多优势，逐渐被广泛应用到多个领域当中，同时也在智能制造领域的数控机床互联方面发挥着十分重要的作用。

以武汉华中数控股份有限公司推出的HNC-848D为例，该数控装置中的工业控制计算机具有两个RJ45接口。其中，一个用于连接上位机和下位机，另一个用于连接数控系统和外部通信单元，支持这些系统和设备通过以太网进行信息通信。数控系统上的以太网口示例如图2-9所示。

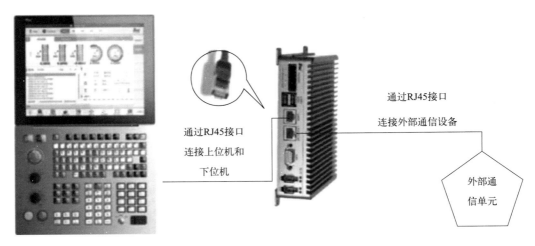

图2-9　数控系统上的以太网口示例

随着移动互联通信网络在数控机床领域的应用日渐成熟，智能制造工厂可以使用无线传输、无线控制等方式完成各项数据传输和设备控制工作。2019年，我国正式进入5G商用时代，5G网络具有高速率、低时延、大连接等特性，能够快速传输各项数据信息，为数控机床互联提供网络层面的支持。现阶段，中国商用飞机有限责任公司、吉利汽车集团有限公司和三一重工股份有限公司等已经将5G网络应用到工厂当中，打造出了基于5G技术的智能制造工厂。

（2）数控机床互通

数控机床互通指的是通过向外部传输数据的方式实现交流互通。一般来说，数控机床互通需要先将电脉冲、光脉冲等信息交互所需的信号转化为数据帧，再将这些数据帧传输给交互方，以便确保参与交流互通的双方具有相同的数据交互方式，且能够正确解析来源于对方的数据信息。

（3）数控机床互操作

数控机床互联互通可以通过数据传输的方式，让大数据在各个相关系统和设备之间流动起来，但难以为数据发生端与数据应用端之间的信息交互提供有效支持，数据应用端的设备和应用在获取数据信息后难以准确理解信息内容。

具体来说，当工艺参数优化模块利用开放式产品通信统一架构（open platform communications unified architecture，OPC UA）协议对各个轴的电流数据进行监测时，只能实现对数据的正确解析，却无法理解各项数据（如数据精度、数据单位、数据值等）中所蕴含的信息。

由此可见，互通层协议具有数据解析作用，但不具备帮助数据接收方理解数据的作用，也无法支持数据发出方与数据接收方进行互操作。若要实现数控机床互操作，智能制造工厂需要确保各项数据的统一性和规范性，并确立相应的机制，加强数据与其制造操作之间的联系。

数控机床互操作指的是借助应用程序或设备来翻译和理解数控机床大数据，以便充分利用数控机床的各项数据。根据国际标准化组织（International Organization for Standardization，ISO）地理信息技术委员会的定义，互操作这一行为的产生需要满足以下三个条件：一是有相互独立的两个实体（A、B）作为互操作的主体；二是两个主体A、B均具备理解"处理请求"的能力，并能够在对请求的具体理解方面保持一致；三是两个主体均具备反馈能力，比如当B向A提出"处理请求"时，A首先能够按照正确理解做出相对应的执行操作，同时在操作完成后将结果反馈给B。数控机床大数据的互操作则有以下两点关键信息：一是进行交互的两个独立主体能够对数据进行正确解析和理解；二是在理解数据中的指令内容后能够在短时间内迅速完成相应操作并向对方发送反馈结果。

综上所述，互联架构起了数控机床与数据应用信号之间的传输桥梁，能够精准、高效地实现二者之间的信号传输，互操作则在此前提下进一步地促进两者间信息的交互融合。因此，对于数控机床而言，互联与互通二者彼此互为前提，相互支撑。

2.4.3 互联互通互操作工控协议

通常情况下，大部分制造企业在进行生产车间配置时会同时使用到不同类型、不同品牌的数控机床，这些数控机床通常具有不同的通信协议和接口。为了推动生产车间实现数字化，企业需要尽可能统一各类通信协议和接口，实现各类设备之间的互联互通互操作。

就目前来看，在全球范围内，现场总线的类型已经超过40种，同时，通信协议的种类也越来越多。越来越多的制造企业在制造业务中需要解决多型异构数控机床彼此之间的互联通信问题，以实现更高水平的制造。这一现状催生了大量对于互通层和互操作层工业协议的需求，引起了全球各国的重视。各类数控机床开始将OPC UA协议应用到互通层当中，将MTConnect和NC-Link协议应用到互操作层当中。

（1）OPC UA协议标准

为了向工厂车间和企业提供可用于信息交互的互通性标准，OPC基金会发布了OPC UA协议标准。随着工业发展进入4.0时代，OPC UA作为一项通信协议，能够支持工厂中不同类型的设备、装置、部件、系统进行信息交互，推动数据采集走向模型化。具体来说，OPC UA应用架构示例如图2-10所示。

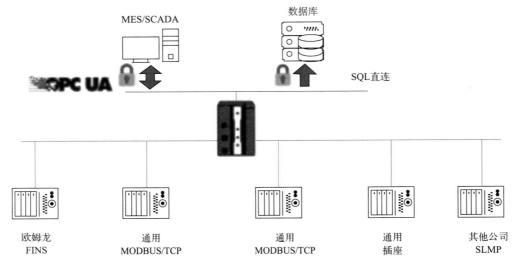

图2-10　OPC UA应用架构示例

与其他通信协议相比，OPC UA与PLC之间的适配性更高，且具备更强的拓展性，能够为更多不同类型的对象提供通信方面的支持。因此，华为、微软、思科等互联网企业以及许多自动化厂商均将其作为开放的数据标准，倍福、西门子、发那科、艾默生和阿西布朗勃法瑞等企业也开发出了OPC UA应用程序，且已经将其投入使用。

对各个企业来说，可以通过融合OPC UA和时间敏感网络（time-sensitive networking, TSN）的方式来打造"OPC UA over TSN"模式的通信架构，提高OPC UA的时间敏感程度，以便更好地发挥其在工业应用当中的价值，满足相关需要。结合当前形势来看，该类型通信架构的发展与应用均处于早期阶段，尚未形成完善的行业标准与行业体系，然而很多工业制造产业链条上的供应商及专业的芯片供应商和信息与通信技术厂商正在不断加大对这一通信模式的研究力度，并对其进行融合、测试和验证，为其在工业领域的应用提供支持。

具体来说，2018年4月，汉诺威工业博览会在德国举行，本次博览会上，TSN+OPC UA智能制造测试床首次亮相并迎来一众关注。该测试床由工业互联网产业联盟、华为等20多家在国际上具有广泛影响力、制造技术与数字化技术处于领先水平的企业和机构联合发布，该测试床具有6大工业互联场景，能够模拟真实的智能制造场景，充分满足工业生产在安全性、实时性和可靠性等方面的要求。2019年11月，边缘计算产业联盟在边缘计算产业峰会上首次公开了面向智慧工厂的边缘计算OPC UA over TSN测试床。该测试床采用了更加智能高效的网络，能够充分满足工业生产在安全、时延和可靠性等方面的需求。

对工业领域来说，可以推动OPC UA与TSN互相融合，并在此基础上构建起用于采集、传输、融合和分享数控机床大数据的通信网络，以此提高信息通信和交互的高效性。与此同时，二者的融合也能够有效推动OPC UA协议实现在工业领域的广泛应用，如应用于远程运维、生产监控、工业预测性维护、可视化信息管理等多项工作，在工业领域的多个方面发挥重要作用。

（2）MTConnect协议标准

MTConnect协议是一种用于数字通信网络当中的通信协议，其在工业领域的应用能够支持数控机床进行标准化的数据交互。具体来说，MTConnect体系架构示例如图2-11所示。

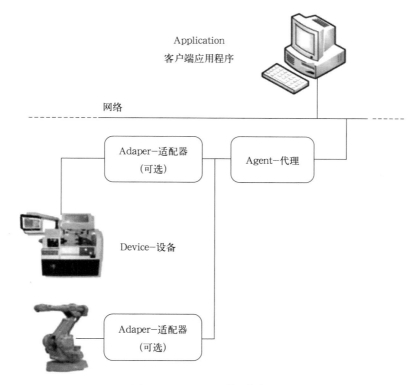

图2-11　MTConnect体系架构示例

一般来说，MTConnect协议的特点主要包含以下几项：

① 充分发挥可扩展标记语言的作用，提供易交互、机器可读的数据。

② 充分发挥超文本传输协议（hyper text transfer protocol，HTTP）的作用，并将其与生产操作中的各项标准兼容。

③ 具有对Linux系统进行源代码开源的能力，能够充分发挥语义模型的作用，为实

现异构机床互操作提供数据建模和组织的方法。从数据建模以及数据组织两方面提供技术支撑。对数控机床厂商而言，则可以充分运用开放、免费的MTConnect来获取相应的数据互操作协议，通过其即插即用、标准开放的功能特点为数控机床之间的互联互通互操作提供支持；对用户来说，可以借助MTConnect来优化数控机床，提高数控机床的数据信息交互能力。

就目前来看，MTConnect协议已经广泛应用到多种数控机床设备当中，具体来说，美国通用电气公司（General Electric Company，GE）、日本山崎马扎克公司、上海联航机电科技有限公司、日本空中通勤有限公司、北京发那科机电有限公司等多家企业均将MTConnect协议应用到自身的产品和设备当中，为不同设备和系统之间的信息交互提供支持。

（3）NC-Link协议标准

NC-Link协议是工业领域用于支持各项数控设备实现互联通信的协议，其研发单位为中国机床工具工业协会，团体标准发布时间为2020年12月1日，实际落地实施时间为2021年1月1日。具体来说，NC-Link协议互联模型示例如图2-12所示。

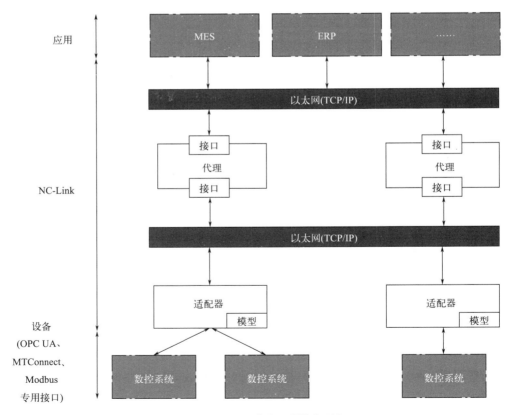

图2-12　NC-Link协议互联模型示例

NC-Link协议既能够为PLC、机器人、数控机床、自动导向车等单独的数控装备、智能生产线和智能工厂的数据交互提供支持，也能够助力基于NC-Link代理器的各个云数据中心实现互联。

从体系架构和语义模型定义等方面来看，NC-Link协议与MTConnect协议之间并无太大差别，但从传输速率方面来看，NC-Link协议可实现毫秒级的数据传输，具有更高的实时性。

就目前来看，科德数控股份有限公司、武汉华中数控股份有限公司、广州数控设备有限公司、沈阳高精数控技术有限公司等多家企业已经将NC-Link协议应用到自身的数控产品当中；比亚迪集团、宝鸡机床集团有限公司、蓝思科技股份有限公司、四川普什宁江机床有限公司、吉林通用机械（集团）有限责任公司等多家企业已经将NC-Link协议应用到自身的生产线和智能工厂当中；华为、联想、浪潮等互联网企业也积极参与到技术验证工作当中，并大力推动相关标准和技术在工业领域的应用。

第 3 章
工业机器人技术与应用

3.1 面向智能制造的工业机器人应用

3.1.1 工业机器人概念与特征

随着自动控制技术以及信息技术等的不断发展，工业机器人技术也逐渐走向成熟，在国内外制造业中投入使用。相比于传统的人工作业，工业机器人能够实现工业制造的数字化、智能化、自动化，降低作业中的事故发生率，并大幅缩短产品制造周期，提高生产效率，因而随着其应用推广，工业机器人在大众中的接受度和认可度也逐渐提高。以汽车制造工业为例，在零部件材料和汽车制造模块的搬运、码垛、焊接、喷涂等作业中使用工业机器人，能够大大降低制造过程对人工的依赖，有效节省人工成本。

随着相关技术的不断发展，技术之间的交叉程度也越来越深，这使得工业机器人的应用场景有所增加。其中，信息技术和自动化技术使得实现工业机器人的精准操控和其长时间重复性、机械化作业成为可能，在工业机器人的应用推广中能够发挥关键性作用。在现代工业领域中，随着工业机器人应用的推广，产品的生产周期缩短、生产精度提升、生产材料的使用更为可控，生产的安全性更能够得到保障，对降低企业生产成本、扩大综合效益裨益良多。

（1）工业机器人的定义

当前国内外的机器人主要有两类定义：一类是将其定义为可编程操作机，其特点是能够通过编程完成多项工作任务，根据指令自动控制执行部件完成操作；另一类是将其定义为操作机器，其特点是能够进行重复编程，从而实现不同的功能，这类机器人在搬运和焊接环节应用较多。

在智能制造过程中应用工业机器人，能够有效打破传统生产模式的限制，延长生产时间，提高产品生产效率，提升产品生产质量，为企业创造更可观的生产效益。通过融合使用多种先进技术和设备，工业机器人的功能不断丰富、性能不断提升，软硬件结合更使其具有自动控制生产、进行高效生产的能力，成为柔性制造与一体化制造的重要支撑。

通过工业机器人的应用，机械制造业迎来了革新，企业的生产力进一步提高，生产工艺和技术不断优化，生产成本进一步降低。而且，工业机器人的使用使得企业能够把更多的资金用于技术创新研发，从而加快了制造业智能化、数字化、一体化进程。

工业机器人功能的进一步丰富、分工精细化程度的进一步加深，将会进一步推动制造方式向模块化制造转变，实现制造业的过程集成与系统重构，这对我国制造业强国建设意义重大。

　　此外，随着工业机器人应用场景的增多以及覆盖范围的扩大，其在工业生产中的作用将不断凸显，因此，对于企业而言，为了进一步提升产品竞争力、扩大生产效益，需要结合产业生产实际引进工业机器人，并逐渐以机器人生产代替人工操作，实现产品质量和生产效率的同步提升。

　　（2）工业机器人的主要特点

　　工业机器人具有灵活度高、生产效率高、可拓展性较强等特点，如图 3-1 所示。目前，工业机器人技术在智能制造中的应用范围不断扩大，成为各制造企业提高产能、加快智能工厂建设的重要选择。

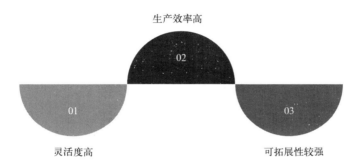

图 3-1　工业机器人的主要特点

　　① 灵活度高。灵活度是衡量工业机器人基础性能的重要指标，反映的是工业机器人工作时的动作流畅度和灵敏度。在对工业机器人进行应用前，可以观测分析其直线运动、摆动、转动等参数，实现对其灵活性的测试。

　　此外，衡量工业机器人灵活性的参数还包括自由度，即机械臂上能够独立移动的关节数量，数量越多自由度越高。在当前的应用中，可以将每个关节都看作一个独立的随动装置，每根关节主轴上都配有一个伺服器，实现对机械臂动作的跟随或复现，协同机械臂完成作业。虽然机械臂构造较为复杂，但可借助各种零部件实现精确控制，因此相较于人工操作，其操作灵活性与精准度更高、反应能力更快，能够更好地满足制造需求。

　　② 生产效率高。作为融合了多种先进技术的机械装置，工业机器人的应用推动了制造业的革新，其能够代替传统的人工成为制造的主体，并具有更快、更准、更稳等突出优势。由于工业机器人以能源进行驱动，因此其在保证能量供给的状态下能够按照指令连续工作，不仅生产速度更快、制造的产品质量更稳定，而且有效劳动时间更长、单位时间内创造的价值更高，更能适应现代化工业生产的需要。

　　③ 可拓展性较强。在传统的工业生产中，由于生产制造的主体是人，因而每一次工艺革新与技术升级都需要花费较高的成本对工人进行培训考核。因此，新技术、新设备的投入应用，虽然能够为企业带来效益增长，但却需要经历较长的准备周期，不利于

企业生产效益的快速提升。

工业机器人的可拓展性则能够有效避免这种情况，通过编程、自动控制等方式能够拓展机器人功能，实现机器人对新技术、新工艺的迅速适应，不断根据新的生产需要对生产线进行调整。在制造业竞争日益激烈的今天，工业机器人的可拓展性降低了产品升级的成本，能够满足更复杂的生产需求，为柔性生产创造了条件。

3.1.2 应用场景1：机械加工

机械加工是工业机器人应用的重点领域之一。随着我国工业化发展进程的不断推进，不同种类的机械设备在各行各业中的应用逐渐普及，成为我国产业发展的重要支撑。而这些机械设备往往并非一体化制造，而是由各种零部件组装而成，尤其是大型特种设备，往往需要各种零部件之间具有较高精度。

在以往机械加工依赖人工的阶段，高端技术人才决定着工业发展的质量，我国在专业技术人才方面的不足限制了工业发展的速度和水平。而工业机器人被研发出来并在更多的领域内进行应用，一定程度上打破了机械加工高度依赖技术人才所带来的限制，实现了对设备的自动化加工。在加工过程中，控制人员只需要在设备内输入相关参数，机器人就可以按照指令快速、高效地完成对设备的加工，降低了失误率的同时，还能够适应更多的加工工艺，有利于企业制造水平的提升。

零部件装配是现代工业生产流水线作业中的重要工序之一。当前我国大部分制造业企业这一工序依旧是由人工完成，一方面人工成本较高，且需要耗费大量的时间，另一方面工作人员需要休息，有效劳动时间较短，劳动生产率较低，且工作较长时间后会出现精力不济等问题，造成工作失误，影响产品质量。为有效解决这些问题，工业机器人逐步被越来越多的企业引入，用于完成装配作业。

使用工业机器人进行装配需要借助传感器，如视觉传感器，可以帮助机器人实现对零部件的分辨以及对安装位置的判断；触觉传感器，能够帮助机器人补偿工件位置，提升装配准确性，并能够优化机器人移动路径，防止彼此相撞；力传感器，能够帮助机器人获取腕部受力情况信息，及时对操作力度进行调整，防止出现因力度不够导致装配不到位或力度过大造成零件损坏的情况。相信随着相关技术的发展，工业机器人与各项技术的融合程度会进一步加深，工业机器人性能将进一步提高，成本也会有所降低，从而实现更大范围内的应用推广。

3.1.3 应用场景2：产品研发

工业机器人能够对机械制造中原本极为复杂难处理的问题进行简单化处理，通过对任务进行分解、同步计算等方式推动瓶颈问题的突破。

在实际的制造过程中，为了满足各种制造要求，保证制造的精确度，需要对数据进行各种类型的计算，如果依赖人工进行，工作强度与工作时间都将大幅增加。而借助工业机器人，则能够实现对各类数据的高效处理，快速完成计算，减少计算量的同时保证计算结果的准确性和可靠性。

凭借运算能力和制造能力方面的优势，工业机器人可在新型机械的研发制造过程中发挥巨大作用，提升产品性能，确保产品合规，以更低的成本实现更高效的研发。

借助机器人控制程序分析动力模型，收集机械结构的各项信息，包括强度、热态等，通过参数控制对制造过程实施有效管理。在机器人的使用中引入数字技术，通过数据分析实现对机械运行的有效掌控，及时发现风险隐患并进行处置，确保运行安全。

对于机械产品而言，工作内容可能涉及各种不同的领域，而对于产品设计师而言，工作内容则可能涉及对各种不同应用领域中各种形态、体积、功能产品的制造。在制造大中型机械产品时，由于其结构较为复杂，需要先制造零部件，而后按照设计方案进行组装。在这个过程中，各种零部件的制造是一个难点，需要在制造前明确零部件的型号、大小、样式等参数，同时在制造中要注意装配的精准性。由于内部零部件数量庞大，组合方式复杂，装配流程烦琐，生产中经常会因装配不到位或工人失误产生质量问题，从而影响设备质量和运行效果。

而使用工业机器人则能够避免出现这种情况，工业机器人按照预设程序执行操作，能够保证装配过程的规范性，避免出现失误。同时其内部程序还能及时识别并更正装配中出现的问题，能够在装配完成后模拟设备运行状态，对产品进行初步质检。工业机器人所提供的一系列质量保证措施能够有效减少企业的经济损失，提高其综合效益。

3.1.4　应用场景3：贴签喷涂

贴签与喷涂也是工业机器人在智能制造中广泛应用的领域之一。

在具体的生产过程中，借助工业机器人能够在短时间内对大量产品贴签。信息处理中心下达数据指令后，数据系统对指令进行分析，将其转化为动作指令输入到工业机器人的控制中心，工业机器人快速分析动作指令并逐步执行，完成打印、拾取和贴签。相较于传统的人工贴签，工业机器人的自动贴签功能能够用更短的时间对更多的产品贴签，且几乎不会出现错贴、漏贴等失误，并且机器人贴签更为平整、结实，美观度和牢固度更好。因此，工业机器人贴签也成为制造业智能化升级的重要内容之一，越来越多的企业使用工业机器人代替人工完成贴签工作。

在制造业中很多环节需要进行喷涂工作。以汽车制造为例，其制造过程需要对车身以及一系列零部件进行喷涂，由于喷涂过程极为烦琐，在直接使用喷涂物覆盖被喷涂面前，还需要对喷涂表面进行预处理、对工件进行预热等，且技术要求较高。因此使用人工完成喷涂需要较长的时间和较高的人力成本，且难以保证喷涂物覆盖均匀。而工业机器人则能够根据喷涂环节对其内部自动化程序进行预设，加快喷涂速度，同时工业机器人的稳定性、精准性能够实现喷涂物对车身表面的均匀覆盖。使用工业机器人进行喷涂还能够减少原料浪费，提升喷涂精度——通过联网，工业机器人能够根据图像信息精准计算出喷涂面积、喷涂用料，从而实现精准喷涂。另外，喷涂机器人内部的操控系统具有质量识别检验功能，能够针对喷涂部位存在的问题进行计算，准确分析问题产生的原因，并通过算法实现喷涂方案的优化，不断提升喷涂质量。

3.1.5 应用场景4：汽车生产制造

在机械工业生产环节中，零部件搬运工序占有较大比重。传统的作业一般通过人与设备协同完成，这种搬运方式在小规模生产中尚能够满足生产需要，但随着企业规模的扩大，需要更大的搬运强度与更高的搬运效率，人工搬运逐渐难以与实际生产的需要相匹配，亟须一种能够适应更大规模生产的搬运方案。工业机器人在产品和零部件中的应用完美地解决了这一难题，其高精度、高速度、高强度的搬运能力将人从烦琐、危险的工作环境中解放出来，进一步提升搬运效率，加快企业的智能化、数字化建设。

以汽车生产制造业为例，汽车装配时需要用到很多体积较小的关键零件，使用工业机器人搬运这些零件，一则能够减少搬运时间，提高搬运效率；二则能够提升搬运精度，避免出错。

搬运过程中所使用的机械臂机器人可以根据操作面板输入的不同指令完成不同的搬运动作，在接收指令后能够精准定位到需要搬运的物体与物体所要送达的位置，随后模仿人体进行搬运，按照预设路线将物品送达。工业机器人能够高效地满足人们在工业生产中的多种需求，从而进一步减少生产的时间与成本，提高企业经济效益。

较之于人工装配，通过工业机器人进行汽车整体装配能够提升专业化水平与精确度。此外，工业机器人的最大优势在于对环境的适应性强，能够在一些恶劣、危险的环境中工作，如高温、低温、高空环境等，且其强大的工作能力能够在保证工作质量和效率的前提下完成更高难度的任务、满足更多的生产需求。

最近几年，随着我国汽车制造业产业规模的扩大以及生产技术的进步，车辆呈现轻量化、功能集成化的发展趋势，零部件的体积不断减小，复杂程度与精密程度进一步提高，因而仅依靠人工装配需要耗费大量时间，效率较低且难以实现汽车装配所要求的高精度。

而使用汽车装配专用机器人，则能够严格按照预设程序有条不紊地进行组装工作。

通过计算程序和专门为装配而设计的机械臂，能够对电池、仪表、车灯、座椅等零配件进行精准组装，提高组装精度和组装效率的同时还能够保证车辆的整体性、协调性。

焊接作业在工业生产中具有极高的重要性，同时其操作较危险，且需要焊接人员具备极强的专业技术，否则将会影响产品的整体质量。在传统的人工焊接过程中，既需要焊接人员在焊接过程中对出现的各种情况做出判断，如使用何种焊接方式、施加压力大小和温度控制等，以便顺利完成相关作业；同时还需要做好焊后处理和检测工作，如消除焊接应力、矫正焊接变形和检测焊缝有无缺陷等，以保证焊接效果。这个过程对时间和人力成本的消耗较高。使用工业机器人完成汽车制造领域的焊接工作，能够根据预设程序精准控制焊接过程中的各项参数，并对焊接效果进行自动检测，提升焊接的精准性，保证焊接效果，节省时间和人力的同时降低焊接失误率。当前，随着相关技术的发展，焊接机器人有了更加完善的操作与反馈机制，并能够应用弧焊技术进行焊接，提升焊接作业效率的同时也进一步扩大了可焊接的材料范围，为制造业发展提供了有力支撑。

在汽车工业制造中，焊接机器人是数量最多的机器人，而所应用的焊接技术中又以点焊和弧焊技术居多，因此焊接机器人又根据所使用的技术被划分为点焊机器人和弧焊机器人两类。无论是点焊机器人还是弧焊机器人，都能在较短时间内根据预设程序做好分工、控制和操作，在短时间内完成对汽车身上4000多个焊点的精准焊接，代替人工完成复杂的汽车制造工作，在质量、效率、精细化程度上都远胜于人工，且节省了大量时间与人工成本。

3.1.6　应用场景5：无人行车

无人行车也是智能制造中工业机器人应用的重要方向之一。在当前的生产实践中，无人行车主要用于仓库管理中的库位匹配和钢卷调运，为厂区作业提供有效的自动化支撑，在提升工作效率、降低工作出错率的同时对工作任务进行分解，从而降低工作难度。

在传统制造企业生产中，库位匹配和钢卷调运需要由人工完成，需要通过人工记录库位进行统筹，使用调运技术完成调运并传递相关信息，这一过程对人员专业素质与协同能力要求极高，任何环节出现问题都有可能拖慢工作进度。而应用工业机器人的无人行车功能，能够大大避免人工控制中可能出现的记录误差、信息传递不及时等问题，在录入运输计划后，自动进行库位匹配和材料运输。

此外，通过算法，工业机器人能够更好地统筹行进距离、规划行车路线，在最短的时间和距离内完成运输任务，从而缩短任务周期，提升运输效率，降低运输能耗。企业在对无人行车技术进行应用时，也要充分与自身生产实际相结合，有根据地进行机器人的选择，做好预案，使机器人的作用最大化，提升企业的竞争力。

3.2 基于工业机器人的柔性生产线设计

3.2.1 柔性生产线的工作原理

工业机器人是柔性生产线不可或缺的部件，主要特征为自由性、自动性、智能化，在柔性生产线中可完成制造工艺方面的多项工作，包括零件抓取、上料、下料、零件翻转、零件调头等。当零部件的生产加工批量比较大，而零部件本身的体积又比较小时，采用工业机器人进行辅助加工是较好的方案，可以花费更少的人工成本，显著提高生产效率。

基于工业机器人建立智能制造生产线，这样的生产线在自动化程度上达到了极高的水平，能够做到完全取代人工，同时具备较好的柔性，在不同类型的零件加工方面有着较强的适应性。生产线的设计应尽量做到合理，以下将通过汽车端盖对生产线设计进行讲解。

（1）载体零件加工工艺确定

按照零件要求确定以下的加工工序：

① 以数控车床作为工具，借助内三爪对处于毛坯左侧位置的内孔实施夹持操作，采用车削工艺对右端进行加工，如图 3-2 所示。

② 将零件调转过来，借助内三爪对处于毛坯左侧位置、直径为 $\phi58$ 的内孔实施夹持操作，采用车削工艺对左端进行加工，如图 3-3 所示。

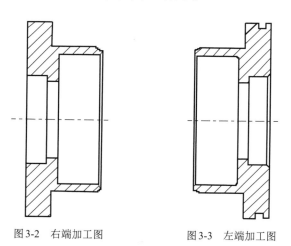

图 3-2　右端加工图　　　　图 3-3　左端加工图

③ 用平口虎钳装夹直径为 $\phi64.97$ 的外圆，然后在数控加工中心对孔洞进行统一的加工操作，确保其尺寸合乎规范。

（2）柔性生产线工作流程设计

机床卡爪需在一定的范围内进行夹持操作，因此单台数控车床的加工内容是有限的，要想完成工序①和工序②，需要配备两台数控车床。柔性生产线的工作流程如图3-4所示。

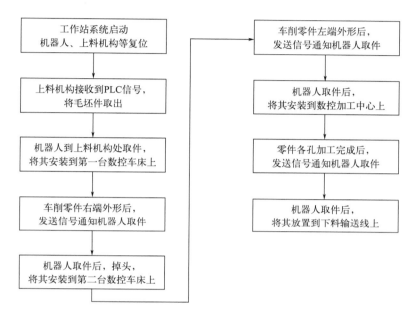

图3-4　柔性生产线工作流程图

3.2.2　柔性生产线的结构设计

（1）柔性生产线总体布局

柔性生产线通过自动化节省人力，凭借其较强的柔性适应不同种类产品的加工需求。优化后的柔性生产线总体布局如图3-5所示。

图3-6中展示了柔性生产线的一部分组成部件，包括下料输送线、两台数控车床、行走导轨、中转台、自动上料机构、工业机器人、两台数控加工中心。此外生产线还包括相应的调节系统，如机器人控制系统、外部设备控制系统、视觉系统等。如图3-6所示，行走导轨置于两台数控车床和数控加工中心之间，工业机器人在行走导轨上运动，其工作内容包括取料以及四台机床的上下料和放料。

（2）柔性生产线重要部件

① 自动上料机构。用于实现毛坯件的自动上料，自动上料机构的具体结构如图3-6所示。

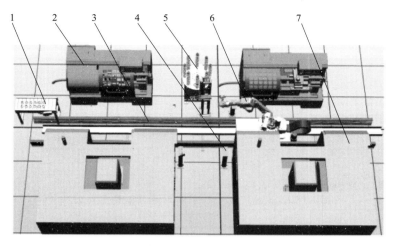

图3-5　柔性生产线的总体布局

1—下料输送线；2—数控车床；3—行走导轨；4—中转台；5—自动上料机构；
6—工业机器人；7—数控加工中心

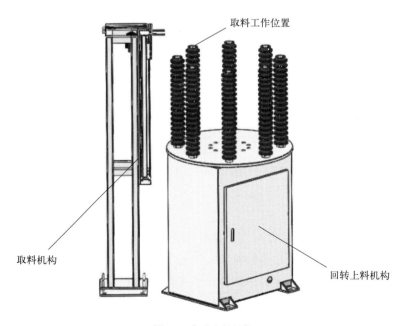

图3-6　自动上料机构

　　回转上料机构通过回转工作台的旋转来实施上料操作，这一过程要用到伺服电机和减速齿轮，工作台由8个工位组成，与之对应的有8个导柱，单次操作能够处理的零件数为18个。取料机构的运动同样要用到伺服电机，另外还需要滚珠丝杠，取料机构上下垂直运动。滚珠丝杠上安装有螺母，取料台在螺母上方，如图3-7所示。取料台上装有用来取料的手指，由气缸驱动手指的伸缩，取料过程中的材料定位由视觉系统来完成。

回转工作台对导柱进行旋转操作，直到将零件送达事先确定的取料位置，而后取料台也到达该位置并用手指抓住零件，实施取料和上料操作。视觉系统负责考察零件放置位置的精准度，记录下位置偏移数据，该数据可由外部设备传递给机器人，以提升取料的准确性。

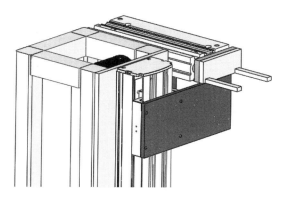

图 3-7　取料机构局部结构

②　下料输送线。将已加工零件放置在下料输送线，进行零件传送，下料输送线如图 3-8 所示。输送线上装有用来传送物件的链板，由三相异步交流电机为其提供动力，同时输送线上配备有减速装置以控制传送速度。光电传感器负责检测工件，确保工件到达指定位置，检测位置包括取料位及放料位，光电传感器安装在输送线的头尾两端。安装于取料位的视觉系统在取料过程中发挥定位功能，确定正确的取料位置。

下料输送线的工作过程如下：放料位传感器出现信号时，链板在三相异步电机的驱动下输送工件，工件到达取料位后进入传感器的检测范围，这时三相异步电机关闭，其他设备将接到取料通知。

图 3-8　下料输送线

③ 中转台。中转台的结构如图3-9所示，从图中可见中转台装有一V形块，其作用是对工件进行调头装夹。机器人从第一台机床上取出已加工完成的工件并换夹其另一端。中转台放料如图3-10所示，工件置于中转台后，由机器人抓取其另一头，中转台调头取料如图3-11所示。

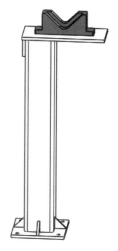

图3-9　中转台

图3-10　中转台放料

图3-11　中转台调头取料

3.2.3　工业机器人的手爪设计

（1）手爪结构

手爪选用双工位结构，以实现高节拍生产，手爪结构如图3-12所示。

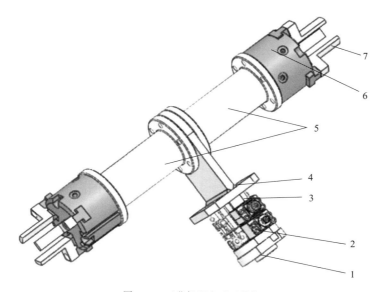

图3-12　工业机器人手爪结构

如图3-12所示，等待工业机器人时，标号为1的部分用于放置尚未进行加工的零件。机器人到达机床后，标号为2的部分开始进行工件的替换操作，拆下原本安装在机床卡盘上的工件，转动后换上位于1的工件。4是一个焊接件，它的左右两面各有一个三爪气缸6，焊接件与三爪气缸用连接套筒5接在一起。气缸通过三个手指7夹持零件。

对于每种零件，需采用与之对应的夹具进行夹持，为了使机器人能够装夹不同类型零件，手爪为机器人上的非固定部件，而是用快换接头接在机器人上，可以根据不同的零件更换不同类型的手爪。

（2）手爪气路设计

手爪做出夹持动作要用到三爪气缸，气缸要有气路连接，气路图如图3-13所示。

气动三联件对压缩空气实施过滤操作，并去除空气中含有的水分。上述操作完成后，在四通连接管的作用下，压缩空气将形成三条气路。这三条气路的作用是控制装置的开闭或断连，三爪气缸有两个，需要两条气路，剩余一条气路对应的是快换接头，两种装置的气路连接方式并无差别。气路连接时，三位五通电磁阀负责控制气路，借助进出气口，手爪气缸与气路建立连接，这个过程需要断电保持，此操作由电磁阀中位完成。

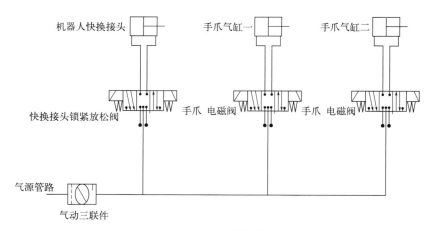

图3-13　手爪气路图

在实现工业自动化技术应用，提高工业自动化水平方面，工业机器人发挥着非常重要的作用。随着自动化技术的发展，自动上下料在制造业中的应用变得更加广泛。

智能制造柔性生产线适用于多种加工对象，在占有更少劳动力的情况下提升了加工精度，加快了生产节拍。同时，智能制造柔性生产线拥有较高的安全性，在使用过程中不会干扰其他设备，值得在生产制造中得到更广泛的应用。

3.3　基于工业机器人的模具生产线设计

3.3.1　模具生产线的系统架构

模具是用于制造成形物品的工具，也是制造业必不可少的特殊基础装备，在工业产品的零部件和制件的生产过程中发挥着重要作用，能够为制造业及其相关行业的发展提供支持。由此可见，对模具生产进行智能化改造，能够在很大程度上促进制造业转型升级。

传统模具生产中，在加工之外，机床还需要投入大量的时间实施装夹操作及进行工件、工具的更换，在这两方面机床投入的时间是大致相等的。与此同时，模具产品还具备多样化的特点，且各类产品的生产制造均需经过多个工步和工序，因此难以实现大规模自动化生产，模具生产效率较低。

为了提高模具生产制造效率，创造更高的效益，模具企业需要充分发挥人工智能等先进技术的作用，构建柔性制造系统，并将工业机器人应用到生产线当中，打造现代化、智能化的生产线，推动模具生产走向智能化、自动化，实现智能制造。

模具智能生产线系统架构如图3-14所示。生产线系统主要由智能决策层、智能传感层、智能设备层三部分组成。其中，智能决策层中包含多个工业系统，如MES、ERP等，用于制订生产计划、生产管理调度、排产等；智能传感层中包含数据采集与监视控制系统（supervisory control and data acquisition，SCADA）用于安排生产任务、监控设备、收集设备数据等；智能设备层的加工设备用于实际的生产加工。

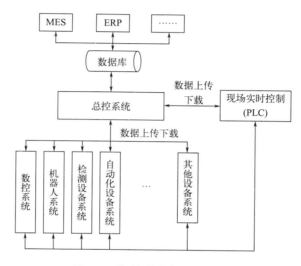

图3-14　模具智能生产线系统架构

模具企业可以构建数据库，在数据库中集成各个相关系统中的各项数据信息，如MES中的生产计划和生产执行进度等数据、ERP系统中的主计划及其完成进度和仓库物料等数据、SCADA中的设备实时状态和异常信息等数据，并在技术层面为业务系统之间的信息交互提供强有力的支持。

不仅如此，模具智能生产线还可以接收来自MES的订单，并根据订单中的信息自动完成毛坯运输、加工程序传输、智能加工、在线检测、射频识别（radio frequency identification，RFID）数据记录追溯和成品入库等工作。

从模具生产制造流程上来看，首先，模具企业需要在预装预调区域准备电极坯料和钢料坯料；其次，需要利用自动导引车（automated guided vehicle，AGV）将电极坯料运输到电极加工单元，将钢料坯料运输到钢料加工单元；再次，运用当前NC加工文件实施物料加工操作，加工完成后的下一步骤为物料检测，由AGV运载物料至检测地点，即电极检测单元或钢料加工单元；最后，还要借助AGV将经过检测的物料运输到仓储单元当中，以便继续进行下一道工序。

在下一道工序当中，模具企业需要以AGV为运输工具，将电极坯料和钢料坯料由仓储单元运出，到达配备有机器人的电火花单元，在此实施装夹操作。此外，SCADA系统还能够控制火花机，使其提供实施物料加工操作所需的电量，控制过程要用到打火花NC文件，也需要参考电极。最后，还需要再次使用AGV将加工好的成品运输到成品区域当中。

具体来说，工艺流程如图3-15所示。

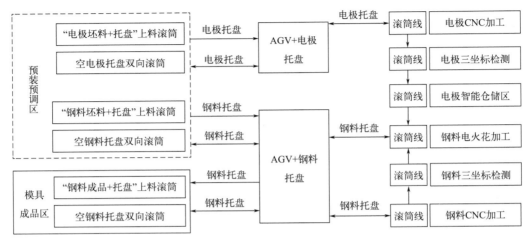

图 3-15　工艺流程

3.3.2　模具生产线的硬件组成

智能生产线可以按照工艺流程划分成预装预调区、电极加工检测区、钢料加工检测区、电火花加工区、成品整理区和电机智能化仓储区六部分，且每个部分都具备PLC和SCADA系统，配备了料盘、机器人、电火花机、电极料架、钢料料架、电极加工数控机床、钢料加工CNC、RFID系统、AGV系统、三坐标测量仪、带定位动力滚筒线以及各种辅助设备。

一般来说，这六部分的设备种类与其工艺特性相关，但几乎都具备加工设备、机器人、料架和对接台。其中，加工设备主要指CNC、三坐标测量仪和电火花机等设备；机器人中均配有RFID读写器，具有读取和写入信息的功能，在机器人选用方面，实际选用类型与物料的尺寸和重量相关，电极通常使用20kg的机器人，钢料通常使用200 ～ 300kg的机器人；料架主要用于存放各类物料；对接台是一个物料对接平台，能够与AGV进行物料对接，从而为物料流转提供支持。

具体来说，产线硬件组成如图3-16所示。

（1）预装预调区

预装预调区是由多种设备组成的人工操作区，具体来说，主要包含两条上料滚筒线、两条料盘回收双向滚筒线、一台三坐标测量仪以及工作台/架、料盘/电极座储存架和升降推车。

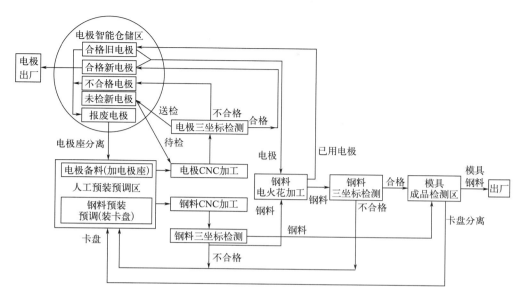

图 3-16　产线硬件组成

　　预装预调区主要负责准备电极坯料和钢料坯料。具体来说，在准备电极坯料的过程中，模具生产制造人员需要将电极坯料置于电极座处，放置到电极料盘上，并利用电极座和电极料盘中的 RFID 芯片来完成初始化扫描工作，再将电极料盘置于上料动力滚筒线上，以便 AGV 将其运输到电极加工区当中；在准备钢料坯料的过程中，模具生产制造人员需要将钢料坯料放进钢料托板，获取定位信息并上传至系统，RFID 信息的初始化操作完成之后，将料盘放置在定位料盘处，再将定位料盘置于上料动力滚筒上，以便 AGV 将其运输到钢料加工区当中。

　　在预装预调区中，当 AGV 完成待加工物料运输工作后，空料盘和问题钢料等将会进入回收滚筒线当中，由负责相关工作的工人进行卸货、存放和后续处理，同时继续为 AGV 提供空料盘。

（2）电极CNC加工检测区

　　电极 CNC 加工检测区主要由电极加工单元和电极检测单元两部分构成。其中，电极加工单元主要包含三台 CNC、一台机器人、一个料架和一个对接台；电极检测单元主要包含一台三坐标测量仪、一台机器人、一个料架和一个对接台。具体来说，电极加工单元和电极检测单元分别如图 3-17、图 3-18 所示。

　　在电极加工检测区当中，机器人主要处理加工、检测单元与对接台的上下料工作，同时也需要读取料盘中产品的 RFID 信息。

（3）钢料加工检测区

　　钢料加工检测区主要由钢料加工单元和钢料检测单元两部分构成。其中，钢料加工

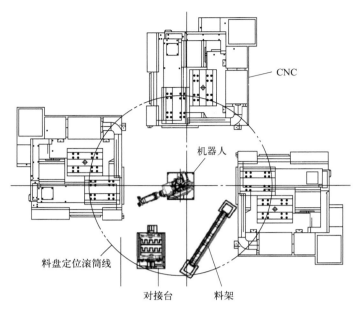

图 3-17　电极加工单元

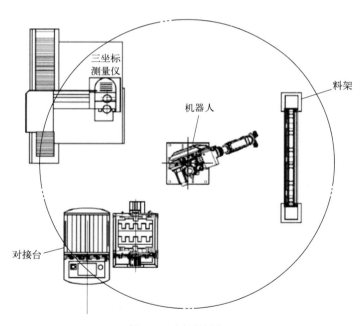

图 3-18　电极检测单元

单元主要包含四台 CNC、一台机器人、一个料架和一个对接台；钢料检测单元主要包含
一台三坐标测量仪、一台机器人、四个料架和一个对接台。具体来说，钢料加工单元和
钢料检测单元分别如图 3-19、图 3-20 所示。

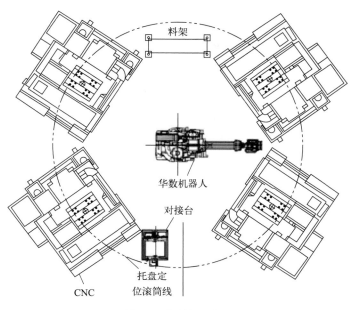

图3-19　钢料加工单元

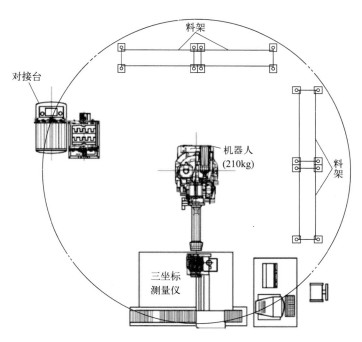

图3-20　钢料检测单元

在钢料加工检测区中，钢料加工单元主要用于加工模具钢料；钢料检测单元主要用于测量来源于钢料加工单元的模具钢料，并将其划分成不需要电火花加工的合格品和需要电火花加工的产品。对于不需要电火花加工的合格品，对接台会直接将其运输到成品区当中；对于需要电火花加工的产品，对接台则会将其运输到料架上暂时存储，并在接收到相应指令时将这些钢料运输到电火花加工区进行加工处理。电火花加工处理后的模具钢料会再次送入钢料检测单元进行检测。

（4）电火花加工区

电火花单元主要包含两台双头火花机、一台机器人、两个料架和一个对接台。两个料架为不同类型，其中，一个是电极料盘架，另一个是钢料料盘架。具体来说，电火花加工单元如图 3-21 所示。

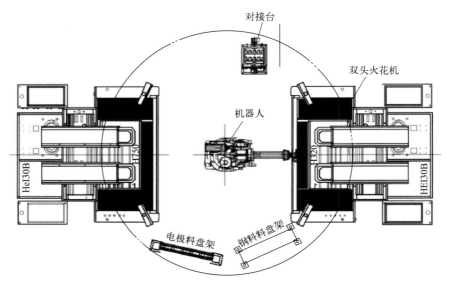

图 3-21　电火花加工单元

（5）成品整理区

成品整理区是人工操作区域，相关工作人员需要在这一区域对各项合格品进行整理，并将整理好的产品出货。具体来说，成品整理区中包含滚筒线、升降台车、工作台架等多种设备。其中，滚筒线主要用于与 AGV 对接，输送 AGV 运送来的合格品，此时，相关工作人员会对这些产品的信息进行扫描，空料盘则会回到滚筒线处，并借助 AGV 等工具重新进入预装预调区，为新模具钢坯料的运载提供支持。

（6）电极智能化仓储区

电极智能化仓储区中主要包含两台机器人和六个电极料架，机器人 1 对 3 布局，配置一台料盘定位输送滚筒线。具体来说，电极智能化仓储如图 3-22 所示。

电极智能化仓储区的电极可分为多种类型，具体来说，主要包括待测电极、已测合格待用电极、已测不合格电极、出货电极、已用电极和报废电极等。

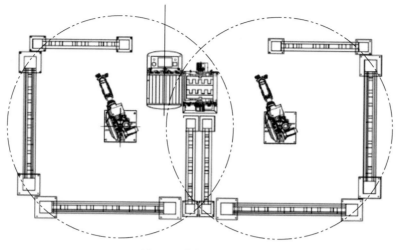

图 3-22　电极智能化仓储

3.3.3　生产线的网络通信架构

生产线组网由多种设备组成，大部分设备可直接使用以太网接口，如数控机床、机器人、AGV等；另外，有的设备原本不支持以太网接口，不过能够通过串口转以太网，如RFID读写器。

在生产线网络通信架构中，设备连接可借助SCADA系统实现，这需要用到工业以太网交换机。此外，SCADA系统还具备多项功能，如信息传输控制、设备数据采集及监控、下达控制指令等。其他系统可对SCADA系统提供帮助，通过设置API接口使外部软件进入网络通信架构，由此SCADA系统得以获取到外部支持。

SCADA系统将收集到的设备数据存储到数据库，供MES、ERP等工业软件使用，工业软件也可以向SCADA系统发送加工任务信息，以便模具产线根据这些信息执行生产任务，进而通过SCADA系统与各项工业软件之间的信息交互提高生产线管理和生产加工的智能化程度。

具体来说，生产线网络架构如图3-23所示。

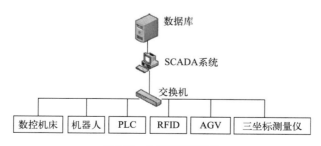

图 3-23　生产线网络架构

3.3.4 生产线SCADA系统设计

SCADA系统可以实现状态显示、AGV交互、PLC控制、NC文件传输、生产线监控、RFID读写控制、作业指导书传输、生产线设备数据采集等诸多功能，且具有较高的开放性、可扩展性和标准化程度，可以连接各类工业软件系统，如MES、ERP等，在整个智能生产线中发挥着十分重要的作用。

具体来说，SCADA系统如图3-24所示。

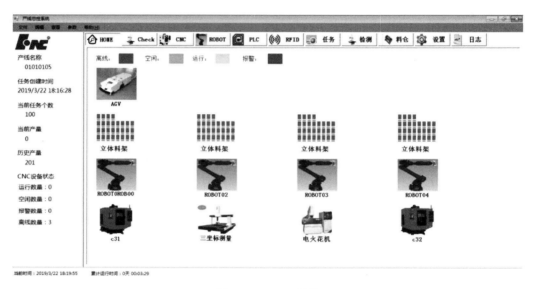

图3-24 SCADA系统

SCADA系统主要具备以下几项功能。

（1）数据采集

SCADA系统能够采集机床设备状态、机器人设备相关信息、PLC相关状态信息、AGV调度系统相关信息以及三坐标设备状态和检测结果等实时信息。具体来说，机床设备可能会出现运行状态、空闲状态、故障状态、关机状态、维修状态等多种状态，机床设备状态信息主要包括各个机床的位置、速度、电流、报警、刀具、I/O、故障信息、工件名称、加工时间、程序执行时间等，机器人设备相关信息主要涉及机器人设备的状态、动作和夹具状态等实时信息。

（2）实时控制

① 机器人工作站料盘控制：RFID标签信息的储存位置为机器人工作站料盘，机器人通过自身携带的RFID读写器进行信息读取，基于读取结果实施料盘放置操作，放置地点从工作站上料区和暂存机构中选择，在放置料盘时机器人需将操作信息发送给MES。

② 料盘物料信息写入：产品信息储存在料盘中，信息的获取要用到 RFID 读写器，写入位置则为料盘 RFID 标签。SCADA 系统可进行料盘物料信息的获取和写入操作，并将信息传送至数据库。

③ 发送物料需求：当某区域需要补充物料时，SCADA 系统将收到 PLC 发来的物料需求信息，而后它将指示 AGV 系统进行物料运送，由 AGV 完成实际的运送工作。

（3）作业任务传输

① NC 文件、作业指导书下发：SCADA 系统调取数据库中的 NC 文件、作业指导书，随后将其下发给对应的 CNC 设备。

② 质检数据下发：SCADA 系统根据生产任务查找质检数据，下发至三坐标测量仪。

（4）实时监控

① 设备监视：监视设备状态（离线、运行、报警、空闲），当设备处于报警状态时，查看具体的报警内容；监控与加工相关的设备信息，如加工所用的 NC 程序以及加工的数量。

② 统计分析：统计并分析设备使用方面的信息，如开机率、利用率、报警率、加工数等。

③ 设备配置：从型号、IP 地址、用户权限等方面配置设备，提升设备性能。

3.4　基于 ABB 工业机器人的码垛系统设计

3.4.1　码垛机器人的构成与原理

码垛即把物料堆码成垛形，以便于物料的储藏和运输，码垛需要遵照一定的堆码方式来进行。如果物料的质量和体积尺寸不大，也不需要在很短的时间内完成码垛，那么采用人工码垛即可。

在生产制造的过程中，成品的码垛是一个重要环节，对工艺有着一定的要求。如果生产规模扩大到一定程度，负责码垛的工人就需要以较快速度完成重量较大成品的码垛，很多时候容易形成超负荷劳动，生产效率无法保证。因此可以将码垛工作交给工业机器人来完成，提高码垛作业的效率和完成质量。推进工业机器人在生产过程中的应用，不应该局限于使用传统的人工示教方法，而应积极拥抱新的技术手段，采用离线仿真编程，更好地解决工业机器人的应用问题。

而随着生产规模和市场规模持续扩大，生产活动在速度方面有了更高的要求，人工码垛在成本和效率上存在的较大局限性使其渐渐无法满足制造企业的需要，在这种情况下，采用机器人进行码垛成了必然选择。机器人码垛可以同时提高码垛工作的安全性和效率，大幅节省人力成本，可以为制造企业带来很大的帮助。

在生产制造的过程中，物料的输送工序以及输送的及时性在很大程度上决定着物料生产效率。成品物料质量较大，采用传统的人工搬运或是叉车搬运效率并不高，同时工人的工作负担也比较重。采用码垛机器人进行物料搬运，可以实现更加及时有效的物料输送，更好地满足物料的入库需求，提升整个生产制造过程的效率、质量和安全性。

码垛机器人是智能制造中的一种生产设备，主要职责是堆码产品，将包裹、物料等放置在特定的地点，这一过程需要多个系统协同配合。

（1）码垛机器人的主要构成

码垛机器人由如图3-25所示的几个部分构成。

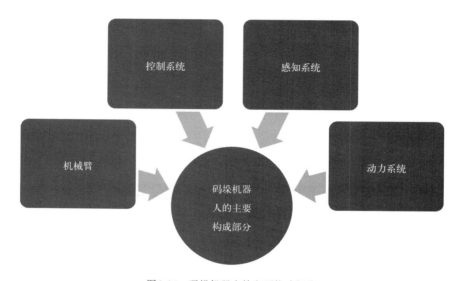

图3-25　码垛机器人的主要构成部分

① 机械臂。拥有多关节转动能力的工业机器人称为机械臂，在许多行业领域都有应用，同时也是码垛机器人的主要物理构成。机械臂附带的用于吸附、抓取的结构可以帮助码垛机器人准确搬运物料。

② 控制系统。主要指连接码垛机器人的计算机以及用来控制其行为的软件。通过预先编写指令，控制系统可以控制码垛机器人按照要求堆叠物料。指令内容可随时更改。

③ 感知系统。在搬运物料之前，码垛机器人首先需要进行识别与定位操作。通过装载智能传感器，机器人可以实时获取环境信息，视觉系统则可以对这些信息进行分析处理，从而找到物料。

④ 动力系统。为了完成搬运过程，码垛机器人还需配备电机、液压系统等动力源，以支持机械臂的转向、升降等动作。

（2）码垛机器人的工作流程

码垛机器人的工作流程共分四步，如图3-26所示。

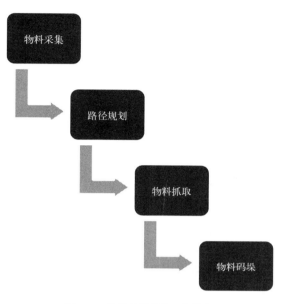

图3-26　码垛机器人的工作流程

① 物料采集。码垛机器人需要先识别待搬运的物料，将其与背景区分开，并确定其空间坐标，这一过程依赖光学传感器完成。传感器收集信息后，由视觉系统处理，与录入的模板进行匹配。匹配完成后，还需要测量目标位姿、与机械臂的距离等数据，方便抓取。

② 路径规划。目标的空间坐标采集完成以后，根据自身位置与目标的位姿，码垛机器人会计算出抓取物料的最佳路线。首先，码垛机器人会建立起当前空间的物理模型，在模型中标定机械臂与待抓取物料的坐标。在坐标地图中，码垛机器人可计算机械臂每一次转动的空间变化，模拟夹爪与物料的相对运动过程。通过多重计算，码垛机器人会筛选出一条最短的路径，并作为参考，指挥机械臂运动。

③ 物料抓取。码垛机器人计算出最佳路线后，开始抓取目标物料，这一步骤需要感应系统、控制系统的相互配合。感应系统会全程测算物料的位姿信息，在夹爪当前位姿的基础上调整机械臂关节的角度；当夹爪靠近物料时，控制系统还会改变夹爪的张开幅度，使夹爪能顺利完成抓取动作；当夹爪与物料表面完全贴合并施加压力，确保机械臂转动过程中物料不会掉落后，码垛机器人开始向托盘上转移物料。

④ 物料码垛。在码垛过程中，机器人首先会按照规划好的路线将物料转移到目标位置附近，随后根据物料的当前位姿，调整高度、朝向，使物料能够准确堆放在指定位置。其中，调整高度需要机械臂大幅升降，使物料靠近托盘，调整朝向是为了使物料的

堆放更整齐，受力更稳定，方便后续工艺的进行。

以上步骤需要码垛机器人各个组成部分协同合作，如通过传感器获取周围环境信息，寻找物料并进行定位；通过软件操纵机械臂完成预先编写的工作过程；通过电脑计算出最佳路线；通过通信组件实现视觉系统信息的传递；由电机与液压系统组成的驱动结构为机械臂提供动力，完成转动、升降、平移与夹爪收放等操作。

3.4.2 码垛系统的总体方案设计

机器人码垛的工作区包含输入和输出两个基本环节，输送机将包装完毕的货物输入到工作区，工作区对货物实施码垛，输出码垛成形的货物。货物的运送可以采用叉车、专用托盘机及输送链等多种方式。

机器人码垛系统可被用于多种制造企业的生产线。举例来说，在一家饮料加工厂，饮料在完成灌装、装箱、封箱、滚码等工序后经传送带输入机器人码垛工作区，装有饮料的货箱在此完成码垛并入库。机器人码垛系统的平面规划图如图3-27所示。

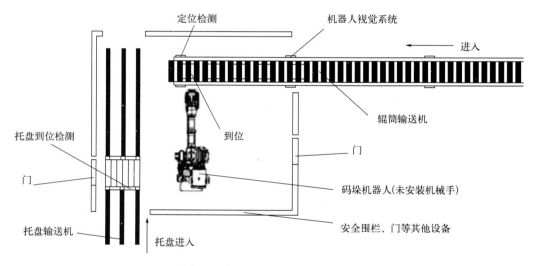

图3-27　机器人码垛系统平面规划图

（1）机器人码垛输送系统

输送系统是机器人码垛系统的组成部分，负责将完成装箱的物料输入机器人码垛工作区。输送系统采用的工具为辊筒输送机。

辊筒输送机的组成部分包括传动辊筒、机架、支架、驱动部分，与带输送机、板链输送机等输送设备相比，辊筒输送机的优势在于可承载的物料重量以及可承受的冲击载荷较大，此外，它在可靠性方面表现出色，拥有较为简单的结构，便于使用，维护难度低。

（2）选型码垛机器人

假设需要码垛的物料质量在20～40kg，那么对于码垛机器人来说，要承载的质量是比较大的，同时码垛时机械臂扭曲反转的频率将会比较高。在这种情况下，最好选用ABB公司生产的六自由度机器人，因为在机器人码垛中，重复精度是一项较为重要的指标，而防护等级并非特别重要。

机器人码垛系统采用的是ABB-IRB6640机器人，它的应用范围比较广泛，包括物料搬运、上下料、点焊等。ABB-IRB6640的突出优势在于载重能力比较强，同时有着出色的惯性曲线特性，有效荷重最高可达235kg，可以搬运重量和尺寸较大的物料。在构造方面，ABB-IRB6640的上臂较长，能做到向后弯曲到底，同时还配备多种手腕，以上构造使得它拥有较强的适应性和较为宽阔的工作范围。ABB-IRB6640还拥有其他方面的优势，包括紧凑的设计，较低的维护和保养难度。

ABB-IRB6640机器人运用了ABB公司所开发的第二代TrueMove和QuickMove技术，在路径精度和运动精度方面做出了优化，机器人的性能参数如表3-1所示。

表3-1　机器人性能参数表

机器人类型	ABB-IRB6640
承重	130kg
工作范围	2.8m
重心	300mm
重复定位精度	0.07mm
结构	关节型
自由度	6
电源电压	200～600V, 50/60Hz

（3）机器人码垛信号处理系统

机器人码垛系统的组成部分包括与输送和码垛工作有关的设备，以及各种电气元件、驱动元件、检测元件。码垛系统需要具备极高的可靠性来应对长时间的持续工作，对此应建立码垛机器人的控制系统，系统由可编程逻辑控制器、光电传感器、气缸、电机、控制柜等组成。

码垛生产线对机器人的动作有一定的要求，为适应这些要求，机器人要围绕各种码垛动作轨迹做出调试，此外为实现信号交互还要与PLC连接通信。实现以上操作不需要太复杂的步骤，只需在工业机器人与PLC之间建立有效连接，使双方互相传输信号。为此，需首先为工业机器人编程，而后对PLC控制系统进行设计，借助PLC实现对机器人的控制。工业机器人与PLC可以采用两种方式实现相互之间的通信传输，分别是"I/O"连接和通信线连接，机器人码垛系统与S7-200这款PLC之间使用的是"I/O"连接。

借助I/O模块，PLC实现了与码垛区域的连接，并向后者发出命令，码垛区域根据PLC的命令开启和停止机器人及现场相关设备，而后将它们的状态反馈给PLC。PLC还会控制与码垛工作相关的其他物流设备。码垛机器人控制系统如图3-28所示。

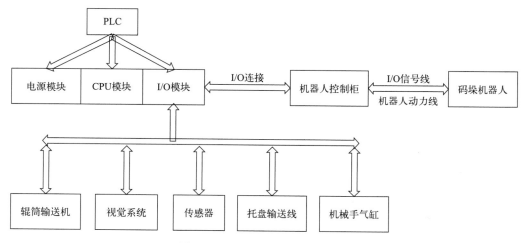

图3-28　码垛机器人控制系统示意图

3.4.3　机器人码垛控制系统设计

现如今，包括码垛机器人在内的工业机器人在工业生产中发挥着重要作用，是智慧工厂的重要组成部分。工艺流程持续更新，市场需求不断升级，工业机器人也逐渐配备了新的设备，能够实现更多功能。

为了统一管理这些复杂的功能与部件，开发者研发了机器人作业系统，这是一种在生产环节中辅助操作工业机器人的智能系统，其以机器人为中心，装载各种辅助工具，提供识别、驱动、开关、微操等一系列附加功能。

在控制系统的帮助下，各种设备与机械臂集成在一起，实现高效的信息共享与指令接收，既能使各个设备有效发挥自身功能，又辅助控制系统调动相关设备完成复杂工作，参与生产过程。

（1）装配连接件的设计

IRB1410型工业机器人是为物料搬运、弧焊、涂装密封等工作设计制造的工业机器人，装载多种先进设备，能够胜任高精度的加工工艺。现从该型号机器人入手，介绍码垛机器人连接部分的装配过程。

该工业机器人的夹爪所能承受的最大质量为 5kg，上臂最多能够施加 18kg 的载荷，若物料超重，会阻碍机械臂的转动，还会对机械臂内部结构造成不可避免的损伤。应注意的是，机械臂本就承担了法兰、力矩传感器等零件的重量，因此，为减轻设备自重，该型号机器人使用铝制轴体，采用空心轴降低转轴自重，避免在搬运物料的过程中损坏机械臂关节。

装配该空心轴部件时，需要在轴体底部架设弹簧，弹簧主要起到缓冲作用，避免因装配操作不当损坏机器人躯干与受力零件，此外，设置弹簧还能够提高轴承安装的成功率。在该结构中，法兰的主要作用是连接机器人躯干与力矩传感器。测试表明，使用铝制的法兰能够更好地满足承重需求，且最大限度地减小形变。

上法兰的型号取决于机械臂末端连接处的尺寸，下法兰的型号则取决于力矩传感器的尺寸。利用螺栓、垫片可以将上法兰固定在机械臂上，并紧密连接机械臂与力矩传感器。

下法兰可用同样方法固定，并紧密连接力矩传感器与轴体。在下法兰的下端，有一圈凸起的圆台，用于贴合轴体上方的圆形凹槽，这一结构能够使下法兰与轴体的连接更加牢固。此外，该结构有利于保持机械臂与力矩传感器的相对位置，使机械臂、传感器、轴体的轴心重合，避免安装过程中发生倾斜，保证传感器的精度。

（2）集成控制系统的搭建

在装配时，要使用上下法兰将机械臂、轴体、力矩传感器连接起来。力矩传感器上接有信号线，其末端通向信号箱，信号箱的职能是收集受力信息，筛选有效信息并将信息处理后传向控制系统。信号箱搭载完成后，还需要外接一个 24V 的稳压器用于补偿电压波动，信号线则继续连接隔离器，隔绝信号干扰。以上步骤完成后，将信号线连接至计算机。

在电气环境中，经常会出现多种仪器共存的情况，一些设备传输的电流较大，一些则比较微弱，不同信号之间互相干扰，往往会造成系统运行错误。隔离器的作用就是隔绝不同信号、电流、电压波动的干扰。在该结构中，隔离器使用 USB 接口与信号线连接。

计算机与传感器建立连接后，还需要与控制器软件进行连接，将局域网内的两个水晶头分别插入计算机和控制器软件面板上的插槽，设置 IP 地址后，就完成了控制系统的搭建。

3.4.4　基于 RobotStudio 的仿真设计

工业机器人在生产制造过程中的应用日渐广泛，为了更好地完成工业机器人的系统设计，可在设计时运用软件对机器人的实际动作进行模拟。当码垛机器人系统进入运行状态，仿真的可达到性将得到实现，机器人将遵照既定的循环时间和规划路线行动。机器人离线编程将在提高生产效率方面起到很大的积极作用。仿真功能通过模拟实际情况，验证方案是否具备可行性，检验方案的合理性，以避免不必要的投入。采用运动仿真和离线编程，可以调整和优化机械手的夹持中心轨迹。

（1）RobotStudio 功能分析

RobotStudio 是一套用于机器人离线仿真的编程软件，由 ABB 公司开发，负责公司所生产机器人的离线编程和三维仿真工作。RobotStudio 的具体功能包括以下几个方面：

① 导入各种主要的 CAD 格式数据。机器人应用系统的运行需要安装相应的组件，这些组件包含 3D 模型数据。与这些 3D 模型数据建立关联后，负责程序设计的相关人员能够创造出精确程度更高的机器人 RAPID 程序，有助于生产质量的提高。

② 自动路径生成。自动路径生成是一个值得称道的 RobotStudio 功能。在获得处理对象的 CAD 模型后，软件仅需几分钟便可自动完成机器人位置的生成，进而确定跟踪曲线。这项任务交给人工将多花费许多倍的时间才能完成。

③ 自动分析伸展能力。凭借这项功能，软件的操作者可以根据实际的生产情况做出调整，移动机器人或工件，令其能够覆盖现场的所有位置，按照位置形成相应的工作单元布局设计，并在短时间内确定布局设计的最优方案。

④ 碰撞检测。在运动的过程中，机器人有一定概率与周边的设备产生碰撞，RobotStudio 的碰撞检测功能负责对此进行验证，如果碰撞确有可能发生，则应通过调整机器人运动路线等方式避免碰撞情况的出现。

⑤ 在线作业。建立 RobotStudio 与真实机器人之间的连接，以便对机器人实施多项操作，包括监控、修改程序与参数、文件传送、备份恢复等，这样可以使调试与维护工作进行得更加顺利。

（2）基于 RobotStudio 软件的机器人码垛运动轨迹仿真

从 RobotStudio 的视角来看，机器人编程与建设新生产系统及工具之间，存在着同步并行的关系。软件中，离线虚拟仿真机器人技术采用的是与实际控制器相同的代码，这种代码有着非常高的精度，能够不经翻译直接下载到实际控制器。在正式安装机器人之前，离线编程会先进行一些准备工作，出于减小风险的目的，离线编程会采用可视化手段形成可确认的解决方案和布局，而为了提升部件质量，离线编程会使用精确度更高的路径。

在机器人运动路径中插补目标点，可以提升运动路径的精确程度；而为了让机器人路径实现平滑过渡，可对机械手姿态和机器人轴配置做出调整。上述操作可以提高编程的精度。RobotStudio拥有仿真功能，可以采用仿真的手段检验机器人的实际运动效果，也能够对机器人路径做出调整，必要时也可进行幅度较大的改动。

工业机器人人机交互功能的实现载体是示教器，这是一种具备较高品质的手持终端，它的功能包括机器人的手动操纵、程序编写、参数配置以及监控。示教功能要用到控制柜实体按钮，以进行常规的开启和停止，而功能的完成则要借助拥有触摸功能的示教器。示教器可以远程操作，这样可以在生产过程中更好地保障程序员的安全。

第 4 章
智能产线规划与设计

4.1 智能产线的规划设计与实施步骤

4.1.1 智能产线规划的考虑因素

近几年，我国的人口老龄化问题愈来愈严重，人口红利已经逐渐消失。因此，对于生产型企业来说，必须转变劳动密集型的生产方式，将更多精力投入到对技术和设备的研发和使用上。融合了多种先进技术的自动化生产线不仅能够有效提高生产效率、降低人力成本，而且具有较高的灵活性和适应性。

对于制造型企业来说，生产车间这一基本的生产场所是根基所在，车间的发展与企业的发展是息息相关的，实现企业智能化需从车间的智能化入手。数字化已经影响着人类生活的方方面面，在这样的形势下，传统生产企业不应故步自封，而要积极地拥抱数字化转型的趋势，将智能制造的推广作为数字化转型的引擎，力求在基础生产能力和综合集成水平上实现长足进步，使企业迈入自动化、数字化以及智能化的全新境界。

（1）企业产品及工艺流程分析

企业在开始智能产线设计前需进行必要的准备工作，通过全面细致地调研企业产品，对产品的特性有一定的了解。此外产线改造时需要在哪些方面有所侧重，注意事项有哪些，对于这些问题需做出相应的分析，总结起来准备工作需关注几个方面，如图4-1所示。

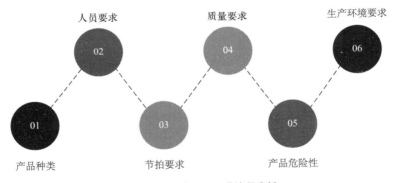

图4-1　企业产品及工艺流程分析

① 产品种类。对产品数量进行分析，得出哪类产品产量最大，将此类产品作为规划产线时所依据的基准；另一个问题是产线是否应具有对多种产品的兼容性，这要基于产品的种类进行分析；此外，切换产品种类的频率如何，产品切换是否需相应地更换大量工装，更换工装的过程是否需要无人化处理，这是关于产品种类切换的一系列问题；还有关于混线生产的问题也要考虑到，混线生产的情况是否存在，如果存在将对智能产

线设计产生怎样的影响。

② 人员要求。在数量上对产线人员是否设有硬性要求，如果不存在此方面的要求，那么围绕投入成本、技术难度、人力成本等方面做出协调、实现平衡，就是一项必要的工作。

③ 节拍要求。对产品的性质进行分析，其是否为大批量高节拍产品，随着智能产线的升级是否提高对节拍的要求，节拍的提升可能遇到困难，比如在部分瓶颈工位受技术因素的影响，多台设备并行是可以考虑的解决方案。

④ 质量要求。产品生产合格率为多少，如果是特殊产品，是否需保证百分之百合格率；未达标产品应返修还是报废处理；基于生产效率以及产品生产合格率计算得出的未达标产品的暂存区容量为多大。

⑤ 产品危险性。产品是否具有危险性，是否会损伤人体，这是智能产线设计必须考虑的问题，应尽可能做到消除危险，避免损害。

⑥ 生产环境要求。生产过程中的环境要求是需要了解的，是否需要随时将厂房的温度和湿度控制在合适范围内，有无应及时排放的有害气体，逃生门与危险品生产人员的距离是否合适，是否可保证后者遇到危险时能够顺利逃生，逃生路线是否通畅、有无设备干扰。

相对详尽地了解完企业产品，对产品有了总体的把握之后，就可以进入工艺流程调研这一步骤。首先对人工生产的工艺流程进行较为充分的了解，据此绘制出企业当前生产过程的工艺流程图；然后每一步工艺都要遵循一定的原理，通过对原理的分析，认识和评估此项工艺的必要性与合理性。由于人工工艺使用时间较早且长期未更新，有些不符合自动化生产的要求，对于这样的工艺，要与企业进行沟通讨论，是否可以根据自动化生产的要求，基于自动化设备，将它们升级为符合需要的先进工艺，并且得到相应的工艺流程图。

（2）智能产线规划的主要难点

智能产线的规划除了会受到产品及工艺流程的影响外，还可能受到其他因素的干扰。这些因素不仅可能提升产线设计的难度、提高生产风险，也可能增加企业的生产成本。因此，在智能产线的设计及规划环节，需要对这些因素进行具体分析：

① 装配线物料的来源不集中，物料统一性比较差。即使新研发设备能够实现对单一设计样品的装配，规模化生产时仍不可避免地会出现设备装配失败的情况。

② 装配物料的选择以及装配工艺的设计都是围绕人工操作方式进行的，因此自动化改造需要涉及许多方面，这样一来成本将居高不下，改造失败也很有可能发生。

③ 部分产品的质检采用的是比较原始和传统的人工方式，检测标准没有实现参数化。

④ 防爆车间设备的安全性没有清晰明确的界定，不能为许多先进设备的使用提供支持。

⑤ 有些工艺过于落后却一直没有被淘汰，也做不到对其进行及时更新，即所谓的"新设备，老工艺"问题。

⑥ 对于产线的兼容性有过高的要求，这会造成多种产品的完成需要借助同一产线，产品种类可能达到十余种甚至二十余种。

⑦ 有的产线在设计时没能考虑到为后续的改造升级提供便利，其硬件不符合数字化车间建设的需求，如果对其进行数字化升级，就要处理很多的难题，同时会产生浪费。

4.1.2 智能产线调研与分析流程

旧产线改造和新产线建设都属于关乎整体的系统性工程，这样的工程规模较大，涉及许多方面，现有的生产流程是企业生产的基本盘，也是升级改造的基础。在自动化产线升级中，生产工艺的升级是至关重要的一部分，有些工艺对自动化升级的接受度和适应性比较差，这就需要从自动化升级的全局考虑，基于对自动化相关知识的熟练掌握和运用，对这样的工艺进行优化。优化的结果要在产线设计规划图中得到反映，设计图完成后还需经历反复的修改方能定稿，这时产线布局才宣告确定。

具体来说，智能产线调研与分析主要包括以下几个步骤，如图4-2所示。

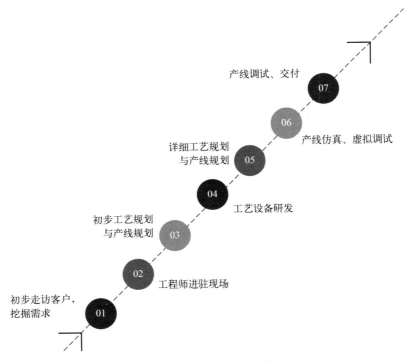

产线调试、交付　07

06　产线仿真、虚拟调试

详细工艺规划
与产线规划　05

04　工艺设备研发

初步工艺规划
与产线规划　03

02　工程师进驻现场

初步走访客户，
挖掘需求　01

图4-2　智能产线调研与分析流程

（1）初步走访客户，挖掘需求

在与客户的沟通交流中，了解其经营的企业在自动化方面有着怎样的规划，如果企业存在建设自动化产线的需求，那么对于建设过程需涉及的人员、节拍、安全、质量等关键因素，要着手进行调研。

（2）工程师进驻现场

通过现场参观实地调研，了解和掌握企业当前的自动化情况；掌握有关设备的情况，包括常规层面上的设计原理、使用状况、使用效果，以及与故障相关的故障率、故障原因、维修难度等；与工艺有关的情况也需要了解，与工艺人员深入交流，掌握产品种类的划分以及工艺的作用，对工艺流程做出清晰明确的总结和梳理，此外对于哪些工位是关键工位，关键工位上有哪些方面需要注意等问题，也应给予关注并进行记录；针对具体的操作问题，要走访操作人员，加深对工艺的认识，把握工艺的细节，了解操作设备和完成工艺各自的难度，过去在使用设备时遇到过哪些问题，设备故障的原因是什么。

现场调研后的下一步是风险评估，下面列举风险评估的各个方面：

① 该产线是否存在着较为复杂的工位，这些工位处理起来比较困难，以至于无法达到需求方的要求。

② 是否存在攻克难度极大的瓶颈工艺，使人无从下手，从而需要各方人士协商，集思广益。

③ 该产线的自动化改造是否会因为上游原料不符合改造条件而受到阻碍，遇到这种状况是否可以通过协商研究更改原料。

④ 产品本身是否不具备适应自动化改造的条件。

⑤ 自身的技术实力是否足以支撑起自动化改造。

⑥ 某些复杂工位存在着非标产品，这些产品是否有高研发成本、高风险、可复制性差等缺陷，从而不能进入市场。

（3）初步工艺规划与产线规划

着眼于企业当前阶段使用的人工工艺，整理归纳出工艺流程并对其进行修改，使其满足自动化产线的需要。依托于新的工艺流程，初步完成对产线布局、物流流转方式、设备摆放位置的设计与规划。

（4）工艺设备研发

基于对产品生产工艺的把握和了解，总结和整理有关工艺设备的情况，完成对设备的分类工作，可将设备分为采购设备、改造设备、非标设备等三类。

① 采购设备。筛选出符合需要的目标厂家，对厂家的产品进行考察，厂家生产的设备参数如何，能否达到使用要求，之后结合实际需求选择设备型号，并将采购周期记

录下来。

②改造设备：充分掌握原厂设备的信息，对接口的兼容性做出评估，判断设备改造的难度和风险处在哪一等级。

③非标设备：针对当前的人工工作方式实施调研活动，形成初步方案，在与客户交流后达成一致意见，把方案原理确定下来，对于设备内部的机械结构，要有精细的设计和规划，各种类型的结构件要选择合适的型号，部分设备应根据实际情况开展运动仿真模拟。

（5）详细工艺规划与产线规划

完成工艺设备的采购和研发之后，让设备参与到初步的产线规划中来，验证产线规划的合理性。设备的瓶颈工艺能力和节拍限制可以作为验证过程所依据的指标，将产线的呈现方式由二维平面转换为三维立体，以产线的三维数字模型为基座，导入物流设备和工艺设备数字模型，借此发现并优化其中不合理的部分，使产线规划更加完善。

（6）产线仿真、虚拟调试

产线物流的仿真运行是一项必要的步骤，通过模拟测试对物流的可靠性做出评估，这要借助详细的三维数字模型。有些产线的工艺复杂性和节拍都比较高，面对这种情况要实施整体的节拍运算，针对每天的生产要使用多少物料，产线每日吞吐多少成品等问题，形成合理恰当的规划，有些工位有必要进行虚拟电气调试，应按照相关要求开展调试工作。

（7）产线调试、交付

智能产线在交付前要经历许多环节，从采购开始，到设计，再到安装调试，之后还需要进行整线联动调试，找出并修改或剔除产线中的不合理部分，以上步骤完成后可进行产线的交付。

4.1.3 智能产线规划的关键步骤

智能产线能够实现定制化，以适应各行业中不同企业的生产需求和产品特点。借助定制化智能产线，企业可以更好地满足市场需求，显著提升生产效率，有效保障产品质量，在市场竞争中占据有利位置，在转型升级的道路上取得重要进展。

在规划智能产线时，要充分了解市场的需求，考虑企业的实际情况，并结合具体的产品特性、生产过程和设备要求，借助数字化、网络化、智能化的方式对产线做出优化。具体优化措施包括改进工艺流程、实现设备的高效合理配置、提升自动化水平、构建信息系统及数字孪生等，这将在效率、成本、安全、资源配置、产品质量等多个方面产生积极影响。

智能产线的规划主要有6个步骤，如图4-3所示。

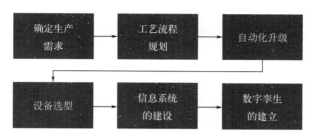

图4-3 智能产线规划的关键步骤

（1）确定生产需求

根据生产需求进行智能产线的规划，有时生产需求是由客户需求决定的，因此可通过客户调研确定生产需求，另外还可以采用预测或是制订产品开发计划的方式确定生产需求。

企业的现实状况也会对生产需求产生影响，场地、装备、技术、人力、财力等都是生产需求的影响因素。

（2）工艺流程规划

工艺流程规划需要明确生产环节中涉及的各个要素，包括生产材料、加工工艺、设备要求、产品检测标准等。智能产线的生产效率以及产品质量很大程度上取决于工艺流程规划的结果，所以要对此环节加以重视。

（3）自动化升级

在智能制造中，自动化技术是一项核心技术。自动化设备可用于完成重复性工作，从而解放大量人力，同时提升生产效率。在对生产线进行自动化升级时，要全面掌握生产线的状况，而后针对特定的环节，采用专门的设备实施自动化改造。自动化升级需要用到的技术比较复杂，因此应注重技术的研发和积累，形成专业的技术团队，为自动化升级打下良好基础。

（4）设备选型

设备选型时采用的评估指标有成本、维护难度、使用寿命、技术参数、稳定性等，同时还要结合实际的项目需求。此外，生产线需要长期维护以及更新升级，因此设备还需具备一定的可扩展性、兼容性和互换性。为确保设备符合自身需要，可要求设备供应商提供设备相关数据，也可以对设备进行实地考察和调研。

（5）信息系统的建设

信息系统用于监控和记录智能产线的生产过程，对生产数据进行管理和分析，并实现数据的可视化。建设信息系统要从硬件和软件两方面入手。硬件设施上，应根据使用环境进行信息系统的选型和设计，信息系统需满足使用环境的需要，比如有的环境对防爆性和保密性存在一定要求，则信息系统就应在此方面具备良好性能。软件开发方面，可以借助多种平台和系统，包括工业大数据平台、ERP、MES、WMS（仓储管理系统）等进行软件开发。

（6）数字孪生的建立

借助智能产线的数字孪生模型，企业能够更加全面深入地了解生产线及产品的设计与结构，及时发现生产过程中存在的问题并做出有效应对。此外，运用数字孪生技术，企业还可以模拟生产线的运行，评估生产线的运行效果，参照模拟结果对实体生产线作出改进和优化。

4.1.4　智能产线建设的案例实践

为了创造更多效益，同时对产品质量实施更加有效的管理，一家汽车零部件制造公司计划采用智能产线。公司生产的产品包括刹车系统、发动机控制系统、车身电子控制系统等，其智能产线规划的实施流程如图4-4所示。

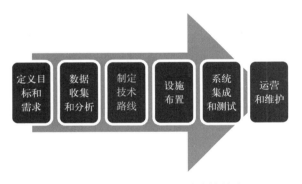

图4-4　某汽车零部件智能产线规划实施流程

（1）定义目标和需求

该公司试图通过智能产线实现多项目标，包括提升生产效率、减少生产成本、实现柔性生产，以及扩展产品类型等。柔性生产要用到数字化技术和智能化控制系统，此过程需要人机协同。

（2）数据收集和分析

目标和需求明确后，要对公司目前所使用的生产线进行一番细致研究，收集和分析生产线数据，针对生产线现存的问题作出诊断。问题包括设备老化、生产效率提升困难、安全系数有待提高等，这些问题表明生产线亟待改进升级，需引入更加先进可靠的生产设备。

（3）制定技术路线

生产线的升级要用到数字化技术和智能化控制系统，升级完成后的生产线具备较强的自适应能力，能够实现柔性制造，这是智能产线的技术路线。升级后的生产线包含了以下设备和系统。

① 智能机械手臂，可根据产品的类型调整自身参数，采用不同的工作模式。

② 工业机器人和智能传感器，用于自动化检测、智能物流管理等。

③ 信息管理系统，包括 ERP、MES 等，用于监控和管理整个生产过程。

（4）设施布置

依据技术路线进行生产线的设施布置，生产线由生产区域、测试区域、物流区域三部分组成，每个区域包含相应的设施。生产区域用到的设施有生产设备和智能机器人，产品的生产和装配在此区域完成。测试区域包含智能化检测设备，负责产品的质量检测。物流区域由 AGV 等智能物流设备组成，用于转运其他两个区域的物料和成品。

（5）系统集成和测试

设施布置完成后，是信息化系统的集成建设，运用智能化手段采集生产线数据，并对生产系统实施管控。集成建设完成后，对智能产线进行测试，以确认各部分的运行状况以及不同部分之间的配合状况，确保生产过程能够正常运转。

（6）运营和维护

测试完毕后，智能产线将投入运行，可借助 ERP、MES 等信息管理系统实时监控生产线的运行状态，如果发现生产线存在问题和故障则及时排除。此外，生产线设备需定期维护，以保证生产效率以及产品质量。

该公司借助智能产线实现了柔性设计和快速换型设计，在同一条生产线上生产了多个种类的零部件产品，提高了对市场需求的适应性。另外，智能生产线为该公司带来的积极影响还体现在生产效率、生产周期、生产质量、生产成本等多个方面。

4.2　智能产线规划与仿真技术应用

4.2.1　传统产线设计与规划的痛点

制造数字化和智能化正在不断推进，机械制造、计算机科学和系统管理工程的有机结合和共同作用造就了现今的制造系统。产线布局设计的技术难度很高，建设的周期也比较长，与这两点有关的前期投资也将是一笔巨大的数目，为了解决这些问题，人们开始认可并应用三维协同设计及仿真这一技术手段。设计阶段产生的问题本来要在实践阶段才能被发现，而产线仿真的作用正是在设计阶段模拟实践过程，这样一来问题可及早现形以便着手解决，设计的质量和效率也必将显著提高。

受技术水平制约，传统三维软件只能建立功能有限的产线布局模式，这种传统的产线布局完成后只能静态地展示供人查看。然而现实的生产过程并不是一幅静态的流程图，而是由各种复杂的动态信息组成，传统的产线布局无法实现对这些信息的计算模拟。另外，传统的产线布局倚仗的是工程师的才智和经验，但人的精力和计算能力终归是有限的。

产线的设计和建设过程包含了太多的因素，并且这些因素不是随意排列彼此独立的，对于它们，要用全面的眼光和严密的思维进行综合考量。总之，单凭传统设计软件和人力无法解决产线设计和建设过程中出现的种种问题，比如：

① 对于一些工作流程的判断，如设备工艺动作、机器人工作及协作等，可依靠的只有工程师的相关经验，出现错误和纰漏的概率非常高。

② 缺乏直观呈现产线物流运转过程的手段，如果产线比较复杂，那么在产品的生产运输过程中要耗费很大的成本才能实现交流。

③ 遇到复杂产线时，节拍计算会比较困难。

④ 产线数字模型的价值和作用会随着产线建设结束而归零，但产线仿真软件能够在数字模型与实际产线之间建立数据通道，使两者数据相通，这有助于合理管控并持续优化现实生产过程。

智能生产线的设计与建设需要调动许多资源，花费很多精力，因此该工程能称得上是一项规模宏大的系统性工程。对于制造企业来说，生产资料和制造生产流程是血肉一般的存在，因此如何合理高效地调度和配置生产资料，如何有效地管理和控制生产流程，是企业必须思考的问题，而运用智能化的手段设计和建设产线，将为此问题提供令人满意的答案。

在设计的前期，翔实明确的智能化布局与仿真将是效果极佳的手段。传统三维设计也会运用智能化手段，但局限于前期规划和设备模型设计阶段。在设计中产生的数据资料本是一种可用的资源，其价值可以在后期生产、调试、产线规划中得到体现，但在实际建设中，这些资料会随着产线的建成被尘封在档案库里，无法发挥应有的效用。

虚拟和现实本是两个互无交集的世界，但在制造领域中，在数字样机技术的支持下，它们彼此之间建立了连接。在产线建设过程中，产线数字模型贯穿始终，在产线的规划、建设、调试、生产、优化等环节均扮演重要的角色。产线智能化的意义还在于为生产过程的监控提供便利性和直观性，对于产线设计来说，这将在很大程度上提高工作效率以及后期数据应用率。

4.2.2　智能生产线仿真的关键技术

在产线设计中，一些与设计相关的设备以及软件内置功能模块将发挥极为重要的作用，借助它们能够显著提高产线布局规划的效率，让前期准备工作不再繁重，使产线设计不断在数字化、规范化的道路上向前迈进，这样一来设计也将变得更加合理。上述效果的达成离不开以下这些关键性技术：

① 现有的厂房结构经过扫描后能够以点云的形式导入软件，以此来考察厂房结构，参考现场环境确定某一特定区块的占地面积和功能。此外，不同的区块之间要以怎样的方式衔接在一起，针对这一问题也要做出定义。

② 企业当前使用的是什么样的生产工艺，其对自动升级的需求如何，对于这些关键问题要实行调研。在三维数字化产线数字模型的构建过程中，要综合考虑多个方面的情况，包括产品、生产资源、工具工装、设备选用、人员模型等，同时数字模型的建立离不开自动化设备这一硬件基础。

③ 在软件的内置功能中，产线资源库体系是很实用的一项，它包含了物流输送线、AGV、机器人、人员、工艺设备等多个模块，对这些模块进行合理配置，输出清晰的工艺流程，实施仿真分析。

④ 产线生产规则很难从单一方面给出完整定义。系统内的设备资源库以及制造单元都已经实现了参数化，它们可以对产线生产规则进行多方面定义。

⑤ 借助产线数字模型，得到完整的 BOM 结构，并形成详细直观的可视化报告，供参考之用。

⑥ 简单渲染并展示产线。

基于以上软件功能，要想以较快的速度得到自动化产线，按以下方式操作即可：

• 建立与工厂资源对应的模型，将已有的设备模型收集起来直接导入。部分设备的模型处于缺失状态，或者有些新研发设备尚未来得及建立模型，对于这些设备也要做好数据准备。模型涵盖的对象应包括各种产线设备、工装夹具、结构单元。在将产线设计规则导入各个节点之前，需对规则的定义进行检查，针对不足之处加以完善。

• 从实际情况出发，合理定制工厂资源库，定制时可以采用结构调整、扩充种类等手段。

• 从种子文件、模板、属性等方面入手，定义软件产线工厂设计环境。

• 产线的实际生产需要遵循一定的规则，对规则做出明确定义，例如设备运动干涉情况、制造加工情况等，保证设计最终能顺利落地。

• 对产线做出初步规划，导入已经完成的二维产线图，找出不兼容的部分，以便对产线进行修改和完善。

• 以产线规划图为参考，完成相关 BOM 结构的搭建。

• 为了确定物流设备及非标工艺设备在产线中的位置，需要将它们从资源库中取出放到产线图中，根据呈现出的效果进行位置调整。

• 优化产线结构，对规则做出定义，包括物流传输规则与生产规则。

4.2.3 智能生产线仿真技术的价值

对于规模庞大、复杂程度高的生产系统，可以采用数字化手段，建立动态的计算机模型，探究系统所具备的特性，对其性能做出优化。借助动态模拟使库存产品和在制产品之间呈现适当的比例。调查和统计生产设备的使用率，防止使用率过高或过低导致设备寿命损耗或资源浪费。可以在维持现有生产过程正常运转的前提下利用计算机模型进行新工艺的试验与仿真。

产线仿真着重围绕产线布局、工艺流程、物流等进行，数字化环境下的产线仿真及优化有以下几个方面的价值：

① 产线错误暴露。不论是布局新工厂新产线，还是改造当前使用的车间，都是企业以扩大产品规模或提升产品质量为目的做出的重要战略规划，实施这样的规划需要企业上下付出巨大的心血和努力，因此在正式实施规划之前，采用三维产线进行模拟验证是很有必要的。如果产线设计存在错误，那么发现错误越早，修改成本就越低。若不能及时发现错误，随着时间的推移，错误产生的危害将越来越广越来越深，这时修改错误所需的代价无疑将是巨大的。

② 产线设计建设演示。根据不同阶段的需要使用不同的模型，二维模型可应用于工厂设计早期，可大幅提高设计效率，方便随时修改；三维模型在规划阶段更为适用，它能使设计更加地直观。二维和三维模式都能实时获取工厂的各方面信息，包括设备利用率、工作节拍、物流顺序等，这是通过仿真数据实现的，它能对工厂的特性与状态进行实时动态模拟。

③ 减小投资成本。在不影响产能的前提下，最大限度地降低投资成本，提高生产设备能力。

④ 均衡生产库存。对库存物料和产品储存量等数据进行分析计算，尽量避免生产资源的浪费，使生产资源得到充分利用。

⑤ 优化物流线路。使仿真模型保持在运行状态，实时分析物流的密度和方向，得出最佳的物流路线，省去无用路程，以实现效率和产能的提升。

⑥ 数据采集及分析。通过分析生产数据，预测实际生产呈现出的效果，根据实际效果与预期规划之间存在的出入对布局做出优化。

⑦ 能耗分析。能耗分析对于设备来说很重要，借助能耗分析可以提高设备的协调性，同时降低设备的开支，优化之后能源的节省幅度可以由仿真结果统计出来。

⑧ 瓶颈工位分析。根据产线节拍计算的结果，查找并分析瓶颈工位，权衡消除瓶颈工位的损益，即消除工位后的收益是否大于消除行为本身的成本。

4.2.4　智能生产线仿真技术的应用

在产线的建设流程中，产线仿真起到了非常大的积极作用。产线建设原本只是遵照传统设计模式，而产线仿真的应用使它成了一个环节更多、涵盖面更广的建设流程。产线建设融合了规划、设计、仿真、验证、调试、生产运营，让虚拟的数据与现实的生产相连相通，并互相反馈以作修正。由此设计流程迎来了变革，数据得以物尽其用，更高的设计效率和更多的规划收益成了现实。产线仿真的应用范围如下：

（1）工艺仿真

模拟设备的加工、制造、装配、包装等生产方式，其中模拟加工的过程是较为典型的工艺仿真。通过这样的模拟可以得到工件的加工状况，避免欠切、过切等问题，同时模拟加工还能反映刀具的使用状况，据此可以对刀具加工工艺做出改造和优化。

（2）机器人仿真

使用身着工装的机器人进行真实的模拟，以此验证工作范围、空间干预、利用率等，其中多人联合加工生产的验证尤为重要。机器人模拟验证的作用是提高后期上线成功率，降低发生错误的概率。

（3）人机工程仿真

部分工作要求人员辅助操作，借助仿真可以对这类工作进行分析，并对出现的问题提供指导，包括工作流程是怎样的、人员操作的可行性如何、装配运动过程包含哪些步骤、怎样保证操作安全性等。

（4）工厂规划

新建或扩建工厂时需要一些基本的信息，包括厂房占地面积、设备数量及效率、工人数目、布局方式。

（5）工厂效率优化

需在产线效率处于较低水平时进行调整，在最大幅度提升产线效率的同时将投入控制在最低限度，提升产线效率可以通过更改产品工艺或增删产品种类等方式实现。

（6）日常运营

如果产品种类繁多，数量巨大，可以通过产线模拟，对产品生产方式进行排列组合，并从其中选出最优组合策略。

产线规划建设是一项包括机械、电气、土建、软件等因素的系统性工程，复杂程度非常高，它将工艺设备与物流设备结合在一起，实现对物流设备的合理高效利用，由此企业的物料流转效率将大幅提升，用工需求和用工成本也会相应降低。

产线仿真技术的应用使产线设计建设的效率和成功率得到了显著的提高，完成产线建设之后，仿真技术继续在产线制造管理系统的集成上发挥作用，倚仗控制、总线、通信和信息技术，为物流设备和工艺设备的运转提供方案，使设备协调高效运转，完成工艺生产信息的采集，立足于企业的实际需求，在快速高效地完成指定货物物流运转的同时兼顾有序性和准确性，由此企业在自动化程度上取得了明显进展，真正建成了自动化、数字化乃至智能化的产线。

4.3　基于数字孪生的生产线设计与调试

4.3.1　数字孪生技术的应用优势

根据《中国制造2025》的规划，到2025年我国将迈入制造强国行列。届时，我国将形成以大数据、云计算、人工智能等技术为基础，以无线通信和物联网为桥梁的成熟的智能生产体系。在这个过程中，信息化的实现促进了新技术成果的协同应用，推动着智能制造的发展。在一系列转型措施中，智能工厂的建设显得尤其重要，其中，智能生产线是集网络通信、智能控制与数字孪生技术于一身的新型生产模型，因稳定高效的优势而受到广泛关注。

我国制造行业的基础与发达国家之间还有着比较大的差距，智能生产线的建设难度较高，需要一个长期的过程。而且智能生产线在实际使用过程中涉及大量的调试、升级，对劳动力素质的要求同样较高，因此需要在投入生产前搭建虚拟仿真环境对其进行测试，降低故障率，减少可能的维修成本。

最早的仿真测试一般使用三维软件搭建生产线上设备的模型，设计每个设备相应的功能，测试该模型的各项参数是否符合要求，若模型达标，再按照模型搭建实际设备。由于虚拟环境下的生产线并不能直接显示相关的生产数据，必须将实际生产线搭建起来才能检验是否能完成生产流程，并获得这个过程中的数据，因此此方法存在一定的滞后性。

数字孪生技术，即数字镜像，是通过虚拟模型模拟真实对象，可以改变模型的行为，得出真实对象的相应变化。与其他虚拟仿真模拟不同的是，数字孪生创建的模型可以达到与真实对象的一一映射，经测试能够完成生产过程的模型可以直接搭建起来并投入实际生产。这种仿真手段的意义在于打通了虚拟环境与真实场景之间的界限，通过完全真实的调试提高了模型的可靠性，降低了搭建、维修的成本，将设备的开发与管控都纳入数字化流程。

（1）数字孪生技术的应用优势

具体来说，数字孪生技术在智能生产线中的应用具有以下几个方面的优势：

① 降低创新设计的风险。数字孪生技术能够预先降低生产中的风险。虚拟模型搭建完毕后，可以由操作人员对模型进行调试，使其更匹配生产过程的要求，避免发生危险。

② 缩短产品调试时间。基于数字孪生技术，电气工程师可以在虚拟环境中对生产线进行调试。具体是指在模型设计时，对生产线的机械与电气结构进行微调，并根据预期的产品效果设计控制程序，如此尽早完成调试，缩短产品的生产周期。

（2）数字孪生技术的实施工具

数字孪生技术的应用，能够为技术本身提供反馈，只需要借助相关的软件，利用该领域的各种技术搭建数字化模型，对模型进行管理。而且，这些软件可以根据目标产品实现不同程度的融合，这个过程需要产品全生命周期管理平台（TC）的支持。一般会用到的软件如下：

① 西门子PLM软件。西门子的产品全生命周期管理系统（PLM）参与了从产品设计到投入生产的全过程，也就是产品从概念到销售的整个生命周期。该软件能够与其他软件协同合作，但需要产品全生命周期管理数据平台的统一调度。通过应用不同的技术，调动需要的人力资源，甚至可以将产业链的其他环节整合进管理数据平台中，完成不同产业环节的协作。

② 西门子博途TIA软件。TIA（totally integrated automation，全集成自动化）软件是一种既能实现通信、编程、管理的统一，又能通过外部网络实现开放性的自动化开发编程软件。博途TIA是一个软件系统，集成了编程、驱动、通信软件，能够在统一的环境下整合相关资源，并在不同用途的软件之间建立通用的实时任务。这一功能降低了不同软件之间协作的难度，且该系统功能的多样性大大提高了智能生产线的开发速度。

③ 西门子NX软件。NX是西门子的工业制造软件，是CAD、CAM、CAE（计算机辅助工程）等功能的集合，能够为复杂的智能制造环境提供解决方案。MCD（mechatronics concept designer，机电一体化概念设计）是其中一个为在环调试产品提供虚拟平台的套件。在产品设计阶段，MCD可用来创建虚拟环境，测试生产线与产品能否完成预期目标，辅助开发者的设计工作，如数字孪生技术就需要在其提供的虚拟环境中进行应用。

4.3.2　智能生产线的数字化设计

（1）输送检测搬运单元的生产工艺流程

输送检测搬运单元是智能生产线的一部分，负责搬运经过检测的原料，与智能仓库、安全系统和贴标单元等一同构成完整的智能生产线。输送检测搬运单元的组成部分主要有台面、搬运模块、输送模块、工位模块、输入输出（I/O）模块等，具体结构如图4-5所示。

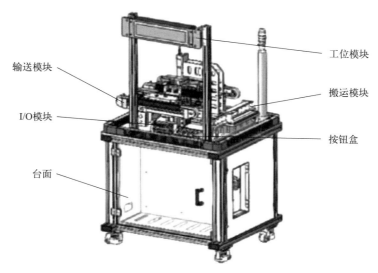

图4-5 输送检测搬运单元结构图

其中，台面主要由工业铝型材制成的框架以及脚轮构成；搬运模块主要通过钢制材料将无杆气缸、气动夹爪和滑台连接起来，在两条板链输送线之间搬运物料；输送模块除了这两条板链输送线以外，还有用于抬升或阻挡物料的气缸；工位模块配备有专门的LED显示屏，该LED显示屏有三种颜色，可以显示目前生产线的工作状态；输入输出模块则主要由输入输出的总线和安装板组成，其中现场总线的使用可以节省线芯，从而简化结构，也降低了后续维修的难度，节约时间成本。

（2）设计流程

数字孪生技术就是在虚拟软件中构建数字模型，对数字模型调试之后再搭建真实的智能生产线。这个过程中，不仅模型的构建设计是在数字背景下完成的，虚拟的调试、参数转移也都需要数字化手段的参与，因此，数字孪生技术的应用前提就是整个生产流程的数字化。数字化的环境也便于生产、维修过程中的信息共享。

西门子产品PLM部门设计的NX软件可以在产品设计环节服务于智能化生产，其中，机电一体化概念设计能够在各种复杂工况中，为数字孪生技术的应用提供支持，尤其是在虚拟调试中模拟生产线的行为。

MCD是NX系统的一个比较重要的套件，MCD的运行涉及机械工程、电气工程、自动化等多个学科的知识。有了MCD模块的参与，生产线模型的构建过程就变成了机电一体化的设计过程，更高效，也更集中，因此才能够模拟生产线的运转细节。利用MCD进行智能生产线数字化设计与调试的流程图如图4-6所示。

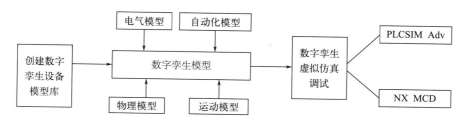

图4-6　智能生产线数字化设计与调试流程图

（3）创建数字孪生设备模型库

多维建模技术在智能生产线的搭建中发挥重要作用，其主要作用是保证虚拟模型能够准确地反映真实的生产线。利用多维建模技术构建虚拟模型的过程主要有三步：

① 根据目标产品的细节选取加工设备，并构建该设备的虚拟模型。

② 将一些智能化程度较高的设备进行分解，对分解出来的组件分别建立模型，并在虚拟环境中组装。

③ 将虚拟的模型输入到数据库中，确定预设的各项参数无误并完成导入，然后开发者就可以在NX　MCD平台上挑选模型搭建智能生产线。以输送检测搬运单元为例，该单元设备模型库如图4-7所示。

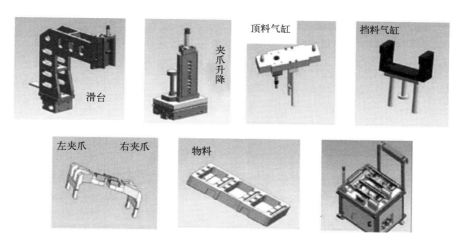

图4-7　输送检测搬运单元设备模型库

4.3.3　数字孪生系统的模型搭建

（1）物理模型的搭建

一般通过给虚拟模型设置目标参数的方式来赋予模型真实环境下的各项特性。在NX平台中构建输送检测搬运单元中各设备的虚拟模型，再按照预期的智能生产线的功能进行组装，并对基本机电对象进行定义。基本机电对象包括刚体、碰撞体、对象变化器、对象收集器、代理对象与对象源等。其中，刚体指的是在生产过程中受外力作用后不发生形变，物理结构较稳定的物体。但物体不可能完全不发生形变，因此刚体只是一种相对的概念。真实智能生产线的物理结构需要刚体的支撑，因此，需要在NX平台上定义刚体，模型才能在物理引擎的支持下动起来。

在输送检测搬运单元中，挡料、顶料、夹爪升降的气缸以及搬运的物料和夹爪、滑台都要定义成刚体，并设置与真实环境相同的各项参数。而碰撞体是一种物理组件，需要装配到其他物体上才能发生碰撞，如输送检测搬运单元中的挡料、顶料气缸和物料存在接触碰撞，所以将三者都设置为碰撞体，并赋予相关属性。再如夹爪需要接触物料并进行搬运，因此也需要定义成碰撞体，设置真实的物理参数。台面上一般有八个挡头、两条输送线，这些挡头、输送线与物料之间同样存在碰撞，因此也需要定义为碰撞体，设置与真实环境中相同的物理参数。

（2）运动模型的搭建

在智能生产线上，每个构件的运动属性都不相同，因此实际生产中的运动方式也不同。开发者需要考虑到这些构件运动学性质上的差异，在NX平台中为不同构件设置不同的运动学参数。不同构件的活动程度和范围也都不同，因此需要参考实际工作过程设置不同构件的相对运动与速度参数。

① 顶料气缸设置。顶料气缸在特定的位置重复伸缩将物料送入输送带，因此需要设置顶料气缸与物料之间的相对运动，并根据实际的生产要求设置伸缩位置，一般在36mm处伸出，在0mm处收回。

② 滑台气缸设置。滑台气缸的职责是将物料从一条输送线转运到另一条输送线，在这个过程中，物料与滑台会发生左右方向的相对运动，因此，滑台气缸要设置成滑动副，并根据实际的生产要求设计滑动位置，一般在340mm处滑出，在0mm处收回。

③ 夹爪升降气缸设置。夹爪升降气缸按照预设的工艺平移，在智能生产线上主要负责物料的搬运，因此也有相对运动，同样需要定义滑动副，并根据实际的生产要求设计升落位置，一般在40mm处抬升，在0mm处落下。

④ 挡料气缸设置。挡料气缸主要通过在生产线上伸缩来阻挡物料的运动，因此也存在相对运动，需要定义滑动副，并根据实际的生产要求设计伸缩位置，一般在36mm处伸出，在0mm处缩回。

⑤ 左右夹爪设置。左右夹爪主要通过拿取物料来实现空间上的搬运，在平移物料的过程中发生了相对运动，因此需要设置为滑动副，并根据实际的生产要求设计夹爪的收放位置，一般在10mm处收紧，在0mm处张开。

⑥ 输送带的设置。在输送检测搬运单元中，台面与搬运设备之间也发生了相对运动，需要设置为滑动副，但由于搬运设备是不断运动的，因此需要写入具体的运动过

程，一般做往返平移，速度设定为 30mm/s。

⑦ 齿轮耦合副的设置。夹爪在工作过程中有相对旋转，因此需要将夹爪设置为齿轮副。

⑧ 操作控制单元设置。I/O 模块上有一系列的控制按钮，控制生产线做出模式切换、启动/停止、滑台急停和设备复位等操作，存在机械相对运动和不同元件接入后电路的变化，需要将其设置为滑动副以及弹簧阻尼器，其中急停按钮还需要设置为固定副和柱面副。

（3）电气模型的搭建

在虚拟环境中，需要通过智能传感器来保证各种设备在预设的位置做出相应的操作，传感器则是依靠机电反馈来设置的。传感器主要作用是检测预设范围内是否有设备存在，如夹爪是否出现在目标位置，若达到目标位置，则触发张开操作，放下物料。一般来说，在物料输入点、物料输出点、料盘的入口和出口的四个传感器可以构成一个传感器组，发挥检测作用。

① 入料检测点。物料输入点处放置传感器可以判断是否有物料进入生产线。在 NX 平台上设计传感器的测量方位，并把测量角设为 0°，即测量范围是以传感器放置的位置为圆心半径为 8mm 的圆。

② 出料检测点。物料输出点的传感器主要检测物料是否顺利离开生产线。可以在 NX 平台上设置传感器的测量方位，同样把测量角设为 0°，如此，实际的测量范围也是一个半径为 8mm 的圆。

③ 料盘入口。料盘入口的传感器主要检测料盘是否进入生产线。在 NX 平台上设置传感器的测量方位，把测量角设为 0°，将测量半径设为 20mm，如此，检测范围为以传感器为圆心，半径为 20mm 的圆。

④料盘出口。料盘出口的传感器检测料盘是否顺利离开生产线。同样地，在 NX 平台上设置传感器的测量方位，把传感器的测量角度设为 0°，由于料盘在出口处可能有比较大的位移，有效测量范围需要设为 50mm。

需要在 MCD 平台中设置限位开关来保证气缸的位置不脱离预设范围。与实际生产线上气缸的限位装置不同，在虚拟环境中的气缸发生额外位移时，限位开关不会阻碍气缸的运动，而是发送超限信号，根据位移的大小定义信号的大小。该开关设置于顶料气缸、滑台气缸、夹爪升降气缸和夹爪上，当信号大小超过阈值，说明气缸运动超限，超限信号正式发出。

- 顶料气缸的预设位移下限为 −35.5mm，上限为 −0.1mm。
- 滑台气缸的预设位移上限为 339mm，下限为 0.1mm。
- 夹爪升降气缸的预设位移下限为 39.5mm，上限为 0.1mm。

- 夹爪的检测上限为9.9mm，下限为0.1mm。
- 挡料气缸的预设位移上限为−0.1mm，下限为−35.5mm。

4.3.4 生产线软件在环虚拟调试

智能生产线的虚拟仿真调试一般分为硬件在环和软件在环两种。硬件在环是通过PLC调试控制模块，用虚拟三维模型表示机械结构，在虚拟环境中调试，由真实生产线反馈验证工作效果。软件在环则是控制模块与机械结构都在虚拟环境中搭建，直接在虚拟仿真环境中运行智能生产线模型，测试该模型能否达到预期效果。下面介绍软件在环虚拟调试的流程。

（1）软件在环虚拟调试流程

软件在环虚拟调试需要使用PLC、博途TIA Portal V16、西门子PLCSIM Advanced、运动驱动以及MCD套件。不同软件可以在一台电脑中搭建模型，也可以分别在不同的电脑中搭建，通过信息传输合作调试。软件在环虚拟调试流程图如图4-8所示。

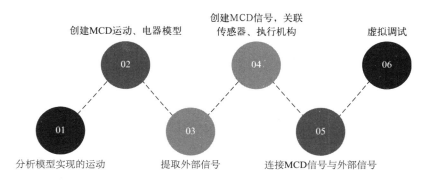

图4-8　软件在环虚拟调试流程图

（2）外部PLC信号的提取

通过PLC软件进行虚拟仿真调试的前提就是将所有变量信号提取出来，具体方法是：

- 在博途TIA中将编辑完成的输送检测搬运单元的程序打开，声明PLC变量，让该程序能够支持仿真过程；
- 定义CPU的连接方法，为S7通信建立基础；
- 在仿真软件中下载搭建完成的控制程序和定义完成的变量表，通过PLCSIM Advanced进行仿真；
- 打开MCD平台，选中PLCSIM Advanced作为服务器，完成外部信号的相关配置，就可以建立二者之间的连接；
- 选择更新标记的选项，NX系统就会自动读取预设的PLC变量表，选中目标PLC

变量，就能成功提取PLC信号。

（3）MCD信号的创建

MCD信号包括操控生产线模型的运动输入信号和与传感器进行通信的输出信号，两种信号需要分别与生产线上的设备和智能传感器连接。

在NX软件中选择信号适配器选项。一般来说，信号适配器的数量以两个为佳，一个信号适配器负责存储传感器的输出信号，一个信号适配器负责存储模型的输入信号，两个适配器协作能够使软件内的信息传递比较直观。当MCD信号创建完成后，将其与模型的各项参数联系起来，通过信号控制特定的行为，模拟生产过程。智能传感器的输出信号对应的参数是OUT物料输入点、输出点与料盘入口、出口。模型的输入信号对应的参数是INT顶料气缸、滑台气缸、夹爪升降气缸、夹爪收放等。接收PLC气缸线圈的信号后，模型就会做出相应的操作。

（4）连接MCD信号与外部PLC信号

通过在MCD信号和外部PLC信号之间建立映射关系，就可以将MCD信号和PLC信号一一对应，选择其中一组信号便可完成信号的映射过程。再输入外部PLC信号，就可以控制模型的机械结构完成相应的动作，实现模拟行为，不断测试这一过程是否正常，完成软件在环调试。

（5）软件在环虚拟调试

在博途TIA Portal V16中，以输送检测搬运单元为例，一般先下载编写完成的程序并输入到PLC中，然后开始使用PLCSIM Advanced仿真软件进行调试。在打开MCD平台后，再与PLCSIM Advanced仿真软件建立通信，选择播放按钮，同时将IO模块切换到自动，就可以测试输送检测搬运单元的模型是否能够根据PLC外部信号，按照预设的MCD/PLC连接进行工作。

在调试过程中，首先要排查台面上是否存在料盘等无关物体，需要将无关物体从模型上清除；其次，还需要确认IO模块中的急停按钮是否触发，若位于触发状态，则需重设；然后需要确认指示灯状态，若为红灯且不断闪烁，则说明模型无法工作，需要重复以上两个步骤，直到指示灯显示为正常。检查完毕后，当所有气缸都位于预设的起点，才能按下启动按钮，指示灯转绿，模型正常工作。

若以上条件均符合，则选中物料输入点，放置料盘，若模型能够运行，输送带会自动运输料盘，再观察气缸是否按照预设的坐标运动，物料能否经过一系列的加工流程抵达出料口并转运。若物料在一条输送带上完成加工，且能通过夹爪转运到另一条输送线上，再观察该输送线能否继续完成加工过程。若一个物料彻底加工完成，则放置第二个物料再次检验。在调试过程中，参考PLC信号传导是否正常，综合评价模型的精密度，并记录数据作为反馈。

第 5 章

智能产线架构与开发

5.1 智能装配生产线架构与开发

5.1.1 智能装配生产线的基本概念

1913年，福特汽车公司创始人亨利·福特（Henry Ford）提出了装配线的概念，这一概念对机器时代具有重要意义。装配线是遵照一定的工艺流程、操作程序、节拍对目标产品进行装配，这个过程需要人与机器配合，能够实现规模化生产。

1988年，两位美国学者，纽约大学的赖特教授和卡内基梅隆大学的伯恩教授提出智能制造的概念。智能制造需要智能装备来实现，是智能技术和装配线的结合。智能装配生产线正是一项重要的智能制造装备，能够推动制造业的高端转型。

智能装配生产线中有三个重要概念，分别是智能单元与生产线、节拍、装配线平衡，下面我们对这三个概念进行说明。

（1）智能单元与生产线

智能单元与生产线会根据加工场所的特点和实际情况，对多个加工模块实施一体化集成，参与集成的模块在能力上应具备共通性和互补性，这样多项能力之间才形成配合。在数字化工厂中，智能单元与生产线发挥基本工作单元的作用，能够组织起多个加工模块的生产能力，对不同类型和批量的产品进行生产加工。

智能单元与生产线所具备的特性有结构模块化、数据输出标准化、场景异构柔性化、软硬件一体化，这些特性使其更容易通过集成的方式形成数字化工厂。建设智能单元与生产线要从信息化的角度出发进行总体布局，采用智能化装备。基本工作单元运行效率的提升需借助智能化、模块化、自动化、信息化功能，而这些功能的实现需要从资源、管理、执行三个维度入手。

举例来说，在进行汽车发动机的装配时，要对生产线作出合理的设计与规划，装配线要具备相应的技术条件，在装配精度、装配节拍、装配效率、装配柔性、装配质量等多个方面达到要求。

目前采用的汽车零部件装配线具备流水线生产能力，但其局限性在于不能留存产品的生产和测试参数，这样就无法在产品出现质量问题时进行追查。除此之外，中国汽车零部件制造业还面临人工成本和原料价格上涨、出口率下滑等种种问题，在这样的条件下，主动推进产业转型升级是必要的，需着力实现装配和监测设备的智能化。汽车发动机作为最重要的汽车零部件之一，其装配线智能化体现在多个方面，如成熟度更高的装配工艺、智能化装备、智能化物流、质量控制等。

（2）节拍

生产系统在一定时间内完成一定的产出，这就是节拍。节拍在不同的视角下有着不同的含义：对单台设备来说，节拍指的是单个工件的平均产出时间；对生产线来说，节拍与瓶颈工位密切相关，指的是该工位单个工件的平均产出时间。

（3）装配线平衡

装配线各工位生产同种产品时会在节拍上呈现出差异，这种差异情况就是装配线平衡。装配线平衡率体现的是生产能级水平，与产能之间呈正相关，因此对于装配线而言平衡率是一项关键指标。装配线平衡率可通过以下公式计算得到。

$$f = \frac{T}{CT \times n} \times 100\%$$

式中，f 为装配平衡率；T 为各工序所用时间的总和；CT 为生产线节拍，也就是生产线各工序中数值最大的标准工时；n 为工序数。

5.1.2　智能装配生产线的总体布局与信息化集成

建立智能化生产线，要考虑企业的具体情况，遵循总体规划、分步实施的思路。前期布局阶段应形成前瞻性思维，将未来的可持续发展作为目标，生产线应具备较强的灵活性、兼容性和扩展性，为设备的选型、联网集成和协同运行创造便利条件。

（1）智能装配生产线的总体布局

着眼于信息化建设和设备、物料的管理与调度两方面，进行智能装配生产线的总体布局。

在信息化建设方面，将实现数字化管理作为建设目标。为了实现此目标需将多个系统整合到一起进行横向数据集成，包括 MES、ERP、设备物联网系统、PDM 系统、CAPP 系统。集成完成后，借助 Smart Plant Foundation 进行数据的连接与管理，形成一定的构架来推进协同设计的实施，运用信息化手段完成数据的整合。而后，对车间的布局进行优化，对设备进行自动化升级，完成智能化生产线的建设。

另外，要控制好零部件的装配质量，对产品实施全过程监控，在数字化技术的支持下对生产过程进行有效检验，尽可能降低生产过程中不确定性因素带来的影响。

面向产品加工与装配，在信息技术和网络技术的帮助下，将计算机、网络、数据库以及相关的软件和设备集合起来，形成一个系统平台。此平台相当于一个高速信息网，能够实现多项功能，比如将生产计划快速下达到各工作岗位、对生产作业实施调度控制、提供生产工艺方面的指导、监控设备运行状态、进行质量的检验以及追溯等。这样一来设备的智能化水平得到了显著提升，实现了生产过程的信息化管理。

（2）智能装配生产线信息化集成

单体形式的智能化装备在功能和效率上受到限制，无法满足现代制造业规模化生产的需求，因此在制造业领域中构建智能装配系统是十分必要的。

智能装配系统的底层由智能化装备组成。底层多台智能化装备相互连接，构建起数字化装配生产线；多条数字化生产线相互连接，构建起数字化车间；多个数字化车间相互连接，形成智能化工厂。智能装配系统的顶层为应用层，从此处可获取技术支撑和服务。应用层由多种使能技术组成，如大数据、云计算、物联网、机器学习等。

智能装配生产线信息化集成的对象包括物理对象和信息系统，前者如设备和产品，后者如MES和ERP，集成的目的是对产品装配实施控制。智能人机交互可以很好地利用人与机器各自的优势，推动产品装配实现智能化，有效提升装配效率。

智能装配生产线融合了多项技术，包括物联网、人工智能、信息系统集成、计算机仿真等。除此之外，智能装配生产线还包含了智能制造云服务平台等多个子系统，每个子系统能够实现不同的功能，包括对生产进行智能管控、对物料进行智能配送、对制造信息进行智能感知等。

采用物联网技术，收集移动装配生产线的相关数据，并进行分析，同时基于信息化管理系统监控产品装配过程，检测和追踪产品质量，有效地管理物流配送是一种先进的管理手段。基于物联网的装配过程管理系统框架如图5-1所示，基于物联网的装配监测与控制系统硬件部署如图5-2所示。

5.1.3　智能生产控制系统框架设计

目前，装配制造企业要应对两个关键问题，装配线的平衡和物流调度。装配线的平衡会因为需求而发生变动，需要精确地协调和控制装配线状态和物流调度，提升装配制造企业的自决策和自适应能力，更好地满足智能化需要，在智能制造方向上取得更大进展。智能化水平的提高会使企业生产变得更加高效，面对新的市场需求做出更迅速的反应，对企业的长远发展产生积极影响。

智能生产控制系统较多地应用于装配车间，用于解决装配线平衡和物流调度两大关键问题，系统的总体框架设计如图5-3所示。

（1）装配车间生产控制系统框架设计

由图5-3可见，装配车间生产控制系统的总体框架由底层数据源、软硬件平台、核心功能、人机交互4部分组成：

① 底层数据源是整个系统的基座，对系统起到支撑作用。

② 软件开发需基于软硬件平台进行，开发效率也取决于软硬件平台。

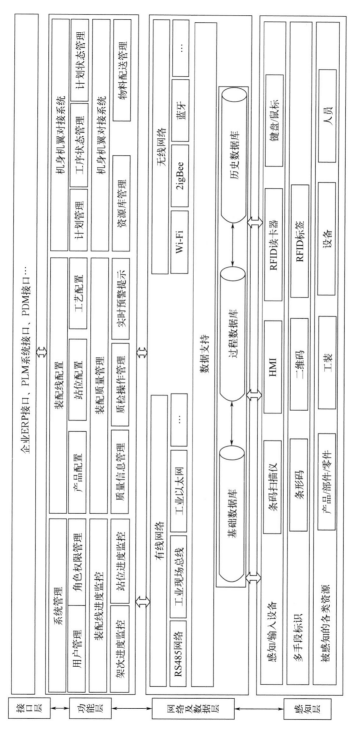

图 5-1　基于物联网的装配过程管理系统框架

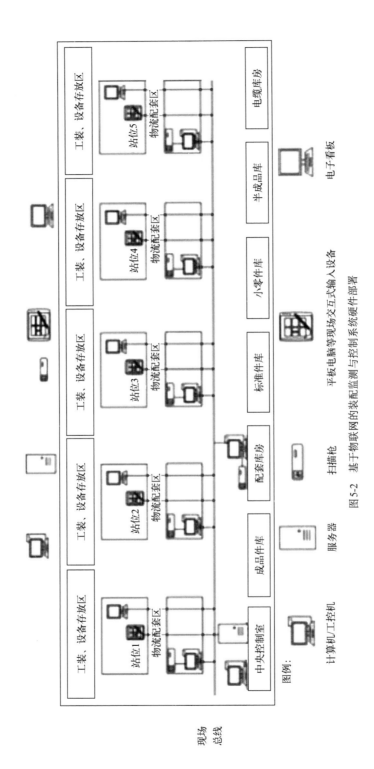

图 5-2　基于物联网的装配监测与控制系统硬件部署

图5-3　系统总体框架设计

③ 核心功能分析装配车间中存在的实际问题，综合考虑需求的不确定性以及工作时间，构建一种针对装配线平衡问题的数学模型。核心功能还设计出一种用于优化装配线平衡的智能算法，让优化后的装配线平衡为物流调度提供指导，使后者能够更好地应对生产干扰。

④ 上述结果通过人机交互来显示，人机交互功能还包括管理车间订单和材料，以更好地控制装配线平衡和物流调度。

（2）某装配流水车间概况

混流生产线系统、物流系统、仓库系统是总装流水生产线的3个主要环节。混流生产线系统有一条混合装配流水线，由双速链条驱动，在流水线的两旁有12个工位，这些工位中有10个负责装配生产，另外2个靠近电气控制柜的工位负责材料和下线。另外，装配流水线还包括一个产品质量检验室。物流系统由两辆AGV（自动导引车）和一条导轨组成，导轨位于混流生产线和仓库系统之间，将两者连接起来。仓库系统由原材料库、缓存区、零件库、自动化立体仓库和机械化仓库五部分组成，每一部分代表一个功能区。装配流水车间布局图如图5-4所示。

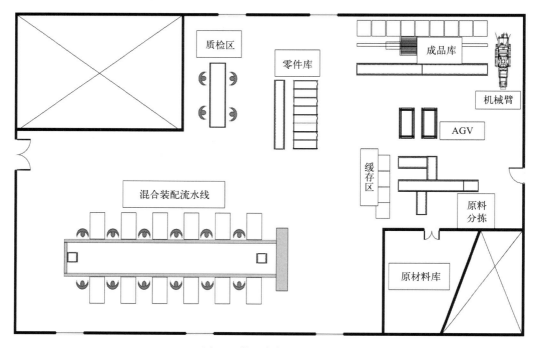

图5-4　装配流水车间布局图

该装配流水车间业务流程图如图5-5所示。

① 当车间材料需要补充时，由原料仓库提供原料或零件，依照零件的类别和数量对其实行分类，不同类型的零件用不同的储存箱装载，装有零件的储存箱通过自动分拣传送器到达缓存区；在缓存区，系统通过分辨储存箱上的标签信息得知零件的类型和数量，进行零件分类。

② 将分类完成后的零件装载到AGV上，运至零件库，零件库扫描仓库外包装标签后，得到产品库存状况和存放位置，形成入库信息。

③ 车间接到生产订单后需要零件实施生产，这时进行零件的出库，出库的零件类型和数量由物料清单和工作站信息确定，出库信息生成后由AGV将零件送到对应工位。

④ 产品生产完成后，由AGV运送至成品质量检验区域，接受质量检验，检验结果将显示在产品的标签上。

⑤ 合格产品由AGV送入成品库，放入对应的储存箱中，系统会将产品的标签和货架编号等信息给到产品选择库。

⑥ 接到订单后，堆垛机器人将立体仓库中的货物用托盘运出，完成产品出库。

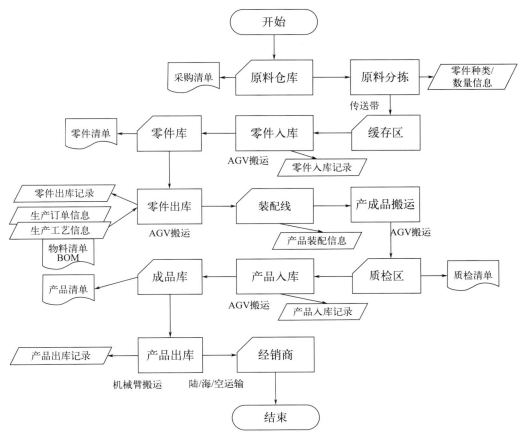

图 5-5 装配流水车间业务流程图

5.1.4 装配线平衡与物流调度协同

在传统的制造企业中，生产和物流是两个独立的单元，彼此不会发生太多联系。而实际上，协调生产和物流会对生产制造过程产生积极影响，我们将结合算例对此进行分析。据分析模型，协调生产和物流能够使生产更好地适应外部市场，实现更高的生产效率。AGV 发挥运输工具的作用，运输零件和成品，从缓存区一直到成品库的运输都由它来完成。装配车间的物流情况如图 5-6 所示。

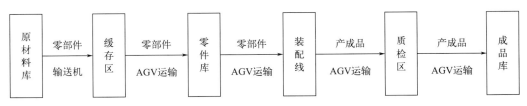

图 5-6 车间物流情况

（1）装配线平衡与物流调度协同模式

① 车间动态调度策略。在研究车间调度问题时，设置的条件一般是静态的。但在实际的生产过程中，经常会出现突发和意外状况，如干扰、设备故障、订单变动等，这决定了车间的工作计划是动态变化的，需要随时对生产任务做出重新调度。因此，为应对实际生产的需要，车间调度策略应当是动态的。

动态调度策略包括循环驱动再排、事件驱动和混合动力系统三种。循环驱动再排可以给出特定生产周期的全局最优解，但是无法在短时间内完全排除生产过程受到的干扰。事件驱动通过重新安排计划的方式应对干扰，这种方法效率很高，可以迅速解除干扰，但在制订计划时没有做到从全局考虑。以上两种策略各有优点和局限，混合动力系统就是将两种策略结合起来，实现两者的优势互补，在实际生产中取得最佳效果。

② 协同模式设计。根据上面提到的混合动力系统，针对装配线平衡和物流调度问题，构建一种协调模型。根据订单的具体内容，在生产周期内，从生产节拍和工位配置入手实现混合流水线平衡。服务于生产节拍和工位的需求，对AGV实行分阶段调度。装配线平衡与物流调度协同模式如图5-7所示。

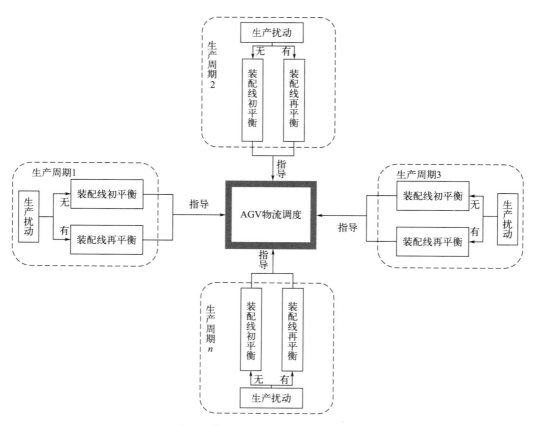

图5-7　装配线平衡与物流调度协同模式

生产过程中可能遇到一些干扰，如工作站失效、工艺变化、设备故障等，这种情况下，应当对混流生产线的生产节拍、配送计划做出针对性调整，此时AGV的运输周期也将随之发生变动。这种协作模式可以有效应对生产干扰，提升生产效率，如果条件允许，可以推广到车间生产的各个环节。

（2）系统总体设计

① 系统功能设计。分析系统需求，总结系统功能架构，系统包括订单管理、混流生产线平衡、装配线物流调度、系统管理四大子功能模块。

- 订单和材料管理属于系统的基本操作，提供生产和物流计划均衡所需的参数。
- 混流生产线平衡是系统的核心功能，要用到MATLAB智能算法，为工作站制订最高效的组装方案，将方案显示在系统前端，将智能化手段引入生产控制系统。
- 装配线物流调度将混流生产线平衡的结果作为作业顺序，使AGV得到最合理的运行路线，花费最少的作业时间，最大限度地提升物流系统的作业效率。
- 系统管理由用户管理、系统简介和用户手册三部分组成。其中用户管理由管理员来操作，可修改用户个人资料，掌握用户的操作。

② 数据库设计。完整的数据库有助于构建好的系统，可以增进各功能模块的联系，加强功能模块之间的协同作用。时间、订单、物料、工位状态、产品优先级关系等要素都有对应的信息表，混流生产线平衡要用到这些信息表给出的参数。在工位的作业分配问题上，存在一个最佳方案，得出此方案后再参照装配工艺信息表，就能获得各个工位对应的组装工艺信息，据此进行物流计划。

5.2　机械加工产线的总体布局与开发

5.2.1　机械加工生产线的设计思路

机械加工生产线用于机械制造行业，配备多台机床以及辅助设备，采用自动化和标准化的方式加工和装配零部件，以更低的生产成本实现生产效率和产品质量的提升。

自动化机械加工要用到工艺、刀具、机床、工装夹具等，机械加工方法包括车、铣、刨、磨、钻、镗、冲、锯、插等，另外断屑、对刀、刀补、机内测量等在机械加工过程中也会涉及。机械加工生产线主要负责零件的回转加工工序，如铣削、钻孔等，其应用场景主要包括大批量生产、长期生产、设计成熟零件的生产、多工序生产等。在这些场景中，自动化机械加工生产线能够降低零件制造成本，缩短制造周期，同时无须占用太多场地。

（1）机械加工生产线的设计原则

对生产线进行合理的布局设计，从而尽可能减少物料消耗，缩短人员和设备的移动距离，实现高效生产和高质量生产。具体说来，在布局时有以下原则和注意事项。

- 最大限度缩短物料搬运距离，提升物料流转效率。
- 合理布置设备，提高生产效率。
- 为人机协作创造空间，取得更好的协作效果。

（2）生产线设备选择

① 机床选择。机床是机械加工生产线的核心设备，针对不同加工需求，可选择不同类型的机床。下面简要介绍几种较为常用的机床。

- 数控铣床：多用于加工平面零件和曲面零件，拥有较高的加工精度和加工效率。
- 数控车床：多用于加工轴类零件，其功能包括自动化的车削、镗削、攻螺纹等。
- 钻床：多用于孔加工，分为立式和卧式两类。
- 磨床：多用于对零件进行精密加工，其功能包括砂轮磨削和研磨。

② 辅助设备选择。除机床外，生产线还包括一些辅助设备，下面选取较为常见的几种进行介绍。

- 自动送料机：自动将原材料运送至机床工作台进行加工，解放一定的人力。
- 冷却液系统：冷却和润滑机床，确保机床的运行处于正常状态。
- 自动化检测设备：零件加工完成后，对零件的尺寸和质量进行自动化检测，保证成品的一致性和加工质量。

（3）生产线控制系统设计

生产线控制系统用于对生产线进行自动化操作和监控，在设计系统时需考虑系统的稳定性和可靠性。该系统可以实现以下功能。

- 生产过程控制：控制并协调生产线设备，提升生产的自动化水平。
- 生产数据监控：对生产线进行实时监控，确保生产线正常运行，同时收集生产进度、产量等生产数据。
- 故障诊断维修：诊断设备存在的问题和故障，制订有效的维修方案。

（4）生产线安全设计

机械加工生产线的安全关系到设备的正常运行，更是员工人身安全的重要保障，因此需采取有效措施确保生产线安全。

- 建造安全防护设施：在危险区域周围安装护栏、安全门等，以防人员误入而发生意外。
- 培养员工安全意识：针对安全问题定期组织员工培训，强调安全的重要性和具体的注意事项，传授安全知识。
- 设备检修维护：存在问题和故障的设备会带来安全隐患，因此需对设备实施定期检查和维护，及时发现问题并进行修复。

5.2.2　机械加工生产线的结构组成

从机械结构上看，自动化机械加工生产线包含六个部分：零件自动输送系统、单个的机床加工工作站、机器人执行系统、质量检验工作站、生产辅助系统、上位控制系统。

生产线上有多台机床，输送系统在各机床的加工工作站间建立起连接。原始零件到达生产线上的指定位置后，机器人会进行零件的上下料，将零件送至工作站，一个零件要在不同的工作站接受不同的加工工序，以完成整个加工过程，工作站间的零件运送由输送系统负责。

生产线还设有检测工作站，负责检测加工质量。有些工序的自动化加工从技术层面考虑实现难度很高，且需要花费高昂的成本。针对这些工序设立人工操作工作站，采用人工方式进行加工。

高精度是零件机械加工的核心要求，这也同时决定了加工过程中对零件定位精度的高要求。那么，应如何保证加工过程中零件的定位精度处于标准线之上？采用"随行夹具"对零件进行自动输送可解决这一问题。随行夹具能够显示零件的加工状态，准确识别待加工零件所处的位置，此外其还能够对零件的位置进行调整，在零件移动至指定位置后将零件固定在加工工作站上，是零件加工过程中重要的辅助部件。随行夹具对于零件位置的判定以加工刀具为参照，这极大提高了零件定位的精度。此外，随行夹具的另一特点是循环使用，这使得应用随行夹具的自动化加工生产线往往能够形成生产闭环，有效提高了资源利用效率。

（1）零件自动输送系统

自动输送系统负责流转和输送零件，常见的自动输送系统类型有带输送线、辊筒输送线、倍速链输送线、板链输送线等，不同类型的输送线如图5-8所示。

（2）单个的机床加工工作站

生产线由多个机床加工工作站组成，机床加工工作站遵循先前设定好的工艺程序对

图 5-8　输送线

零件进行机械加工。机床加工工作站采用的机床类型有数控车床、数控铣床、数控复合车床等。数控车床的外观如图 5-9 所示。

图 5-9　数控车床

（3）机器人执行系统

机器人执行系统负责零件的上下料，上下料需要遵循先前确定的路径进行。比较常见的机器人执行系统类型有标准型工业机器人、非标型桁架机器人等。工业 6 轴机器人如图 5-10 所示。

图 5-10　工业 6 轴机器人

（4）质量检验工作站

质量检验工作站负责产品的质量检验，检验内容包括产品外观是否存在瑕疵，尺寸是否合规。常见的类型有接触式三坐标测量、非接触式光学测量（2D/3D 相机）等。下面介绍几种主要的测量方式。

① 三坐标测量。三坐标测量是测量零件的形位公差，以确保零件的误差不超出公差范围，其优势体现在测量精度上，适用于对精度要求较高的产品。不过，三坐标测量对检测环境的要求比较严格，需花费较长的时间完成检测，另外价格也比较昂贵，因此在选择之前须进行权衡。三坐标测量如图 5-11 所示。

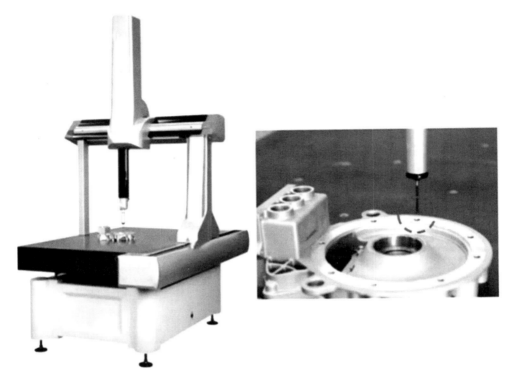

图5-11　三坐标测量

② 2D视觉。使用相机获取工件的照片，而后借助算法进行图像处理，得到工件的相关信息，包括位置、尺寸等。此外2D视觉还可用于字符识别、二维码读取等。

③ 3D视觉。结构光是3D视觉的主要技术路径。借助投影仪，结构光被投射至工件表面，随后相继通过拍摄结构光得到工件表面的轮廓点云数据。

（5）生产辅助系统

机械加工过程中会产生金属废屑和切削液，生产辅助系统负责对其进行集中处理，比较常见的系统有集中供液系统、废屑处理系统等。

① 集中供液系统。切削液由集中供液系统负责处理，去掉含有的杂质并修正指标，而后切削液的性能会恢复到最佳状态，在不换液的前提下继续供液，使刀具和切削液拥有更长的使用寿命。切削液需要接受增氧、杀菌等处理，这样其水溶解氧饱和度将得到提升，从而避免滋生厌氧菌。在向切削液中加入杀菌剂时，可参考其性能确定具体剂量。

② 废屑处理系统。废屑处理系统采用自动化的方式处理机床的废屑。无须进行加温操作，不必使用添加剂以及其他工艺，在高压的作用下，废屑会被冷压成块状废屑，块状废屑的质量在2 ～ 10kg，储存和运输非常方便，当对其进行回收再利用时，损耗也会更少。

（6）上位控制系统

上位控制系统负责控制生产线上设备的动作，这需要遵循一定的逻辑程序。生产线通过网络总线进行通信控制，这样单元可以拆分和重新组合。每个单元所使用的通信协议是不同的，人机界面使用RS232，机器人和自动光学检测使用TCP/IP，变频器使用RS485。其他传感器信号借助EICO Spider67 I/O Module以及TCP/IP到达PLC系统内部，以对单元进行快速切换，同时确保后期设备具备足够的扩展性。

5.2.3　机械加工生产线的布局形式

（1）"L"形布局形式

自动化加工生产线的布局有多种形式可以选择，需要根据场地条件来决定。在场地有限，或是生产线过长的情况下，不适合采用直线形式布局，可以考虑采用"L"形布局，"L"形自动化加工生产线如图5-12所示。

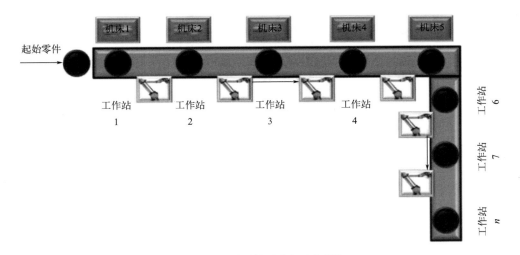

图5-12　"L"形自动化加工生产线

（2）"U"形布局形式

有时"L"形布局仍难以克服场地不足的限制，这种情况可采用"U"形布局，这种布局形式比"L"形布局占用场地更少，"U"形自动化加工生产线如图5-13所示。

另外，"U"形布局的优势还在于能够便捷地调整工件的工序，以对工件的多个表面进行加工。

（3）"一"形布局形式

生产线上的随行夹具有时需重复使用，而采用循环形式的"一"形布局可以省去夹

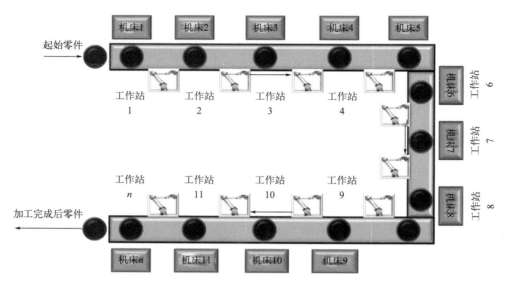

图5-13 "U"形自动化加工生产线

具运输的步骤，此外随行夹具在重复使用的过程中难免需要清洗，为此可以在生产线上设立清洗工作站。"一"形自动化加工生产线如图5-14所示，其结合了直线布局、"L"形布局、"U"形布局等多种布局形式，既具备便捷性，又尽可能地节省了场地。

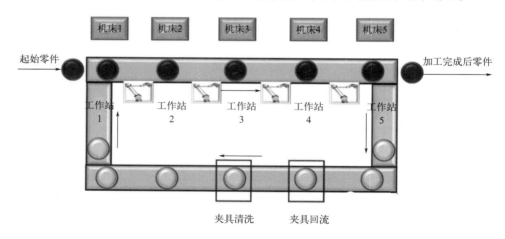

图5-14 "一"形自动化加工生产线

（4）上下输送型布局形式

① 夹具"固定"上下输送型布局形式除了以上布局形式之外，还有的生产线会将随行夹具固定在输送线上，具体说来是固定在输送线的链条上，这样随行夹具将随链条运动循环。将输送线分为上下两部分，上半部分是加工工作站，用于零件加工，一次加工完成后，下半部分将加工过程使用的随行夹具再送回上方，以便循环使用，这就是夹

具固定上下输送型加工或装配生产线，如图5-15所示。

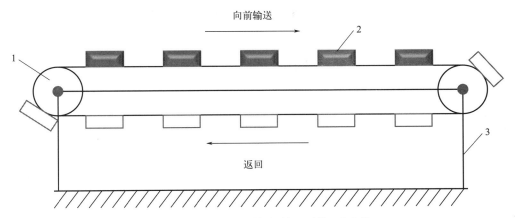

图5-15　夹具固定上下输送型加工或装配生产线
1—张紧轮；2—随行夹具；3—分度输送线固定架

自动化装配生产线可采用此种输送方式，在输送线的上半部分设置装配工作站用于装配零件，下半部分将需要循环使用的工具送回上方。

② 夹具"分离"型。有的场合在输送线上放置托盘，用于自动输送零件。以托盘为参照系，零件可被准确定位，以输送线为参照系，托盘也可被准确定位，其中托盘的定位可借助定位销，如图5-16所示。

图5-16　基于定位销的托盘定位

自动化机械加工生产线是一个综合型平台，包含多种单元设备，需要用到多种先进的控制技术和加工技术，这些技术涉及多个前沿工业领域。因此，在规划自动化机械加工生产线时，应具备系统性和综合性思维。

5.3 汽车焊装产线的总体布局与开发

5.3.1 焊装生产线的原理与构成

焊装生产线主要包含总成线和众多分总成线，总成线和分总成线又包含许多工位，各个工位间和线间可以借助机器人和搬运机等运送物料和零部件，能够防止线内工位在工作时出现操作断断续续的问题。分总成线中的组件焊装工位具有独立性的特点，且包含定位夹具、自动焊接设备和检测装置等多种设备，除此之外，焊装生产线中还有一部分装置负责供气、供水、供电。

近年来，汽车工业飞速发展，汽车行业也改变了原本的焊装生产线形式。从焊装生产线的发展过程来看，在发展初期，汽车行业主要采用直通式生产线；到20世纪60年代，汽车行业大多采用环形生产线，这种生产线具有结构复杂度高、运动惯性大、随行夹具尺寸大等特点，难以实现多品种生产，也无法充分满足各类机器人的要求；到20世纪80年代，汽车行业大力发展贯通式生产线，这种生产线可以看作升级版的直通式生产线，能够借助机器人完成各项焊接工作，满足市场在汽车产品多样性方面的需求，就目前来看，贯通式生产线已经成为汽车领域应用范围最广的一种生产线。

具体来说，汽车焊装生产线主要具备以下几项特点：

① 自动化和智能化程度高，能够利用自动化、智能化的技术和工具提高生产效率，保障产品质量。

② 模块化设计，能够根据实际情况灵活调整各个生产模块，进而实现对整个焊装生产线的升级优化。

③ 柔性化生产，能够满足不同车型的生产需求。

④ 环保节能，在生产过程中的能量消耗和污染物排放较少。

汽车焊装生产线的特点和构成情况影响着汽车制造企业的生产效率和产品质量，为了实现高效率、高质量的汽车生产，汽车制造企业需要进一步优化汽车焊装生产线，增强自身的汽车制造能力。

（1）焊装生产线的技术原理

汽车行业可以将电路、传动和控制等多种先进技术综合应用到焊装生产线当中，同时根据工艺技术参数编写相应的算法程序，充分发挥编程控制的作用，实现自动化的板材焊接和棒材焊接，并针对焊接要求进一步提升变焊参数控制精度，以便实现精准焊接，达到提高焊接质量的目的。

① 施工现场规划布置。在布设汽车焊装生产线时，汽车制造企业需要先了解实际

生产需求，明确施工现场位置和所需布设的各项设备的整体空间结构，再据此制订相应的规划方案，并确定焊接线路布设路线，最后完成焊接线路的引入、布置和固定工作。

② 编写控制程序。汽车制造企业需要先了解产品的实际需求和电气焊接设备的实际操作规则，再据此编写相应的控制程序，并利用该程序控制焊接设备，进而以自动化的形式完成各项焊接工作。

（2）装焊生产线的基本构成

汽车焊装生产线主要涉及汽车车身的装配和焊接两项工作，在运行过程中需要用到多种设备和系统，如装配设备、焊接设备、输送设备、控制系统等。具体来说，汽车焊装生产线的基本构成如图5-17所示。

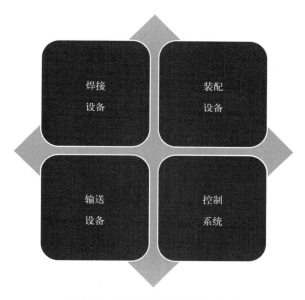

图5-17　汽车焊装生产线的基本构成

① 焊接设备。焊接设备是焊装生产线的重要组成部分，主要包含各种焊枪、焊丝和焊接机。一般来说，良好的焊接设备可以帮助汽车制造企业提高焊装生产线的焊接效率和焊接质量。汽车制造企业需要在掌握实际生产需求和材料特性等相关信息的基础上选择合适的焊接设备。除此之外，焊接设备的自动化程度也是影响焊装生产线生产效率的重要因素。

② 装配设备。装配设备主要负责根据具体设计要求完成部件组装工作。一般来说，精度和稳定性较高的装配设备有助于提高焊装生产线的产品质量，由此可见，为了确保部件组装的精准性和稳定性，装配设备既要实现高精度定位功能，也要具备较强的锁紧功能。

③ 输送设备。输送设备主要用于在生产线上运输各类部件。输送设备的运输能力

和定位能力是影响部件运输效率和稳定性的重要因素。一般来说，稳定性和定位精度较高的输送设备有助于提升焊装生产线的产能和连续性。

④ 控制系统。控制系统主要用于监控和调度生产全过程中的各个环节。为了确保生产的有序性，控制系统需要实现数据处理功能和编程功能，能够针对实际生产需求实时优化调整各环节的生产情况。

5.3.2 焊装生产线的形式与特点

具体来说，焊装生产线的布局形式如图5-18所示。

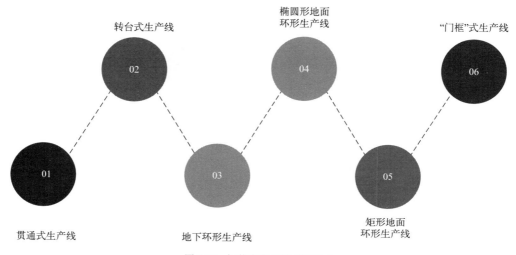

图5-18　焊装生产线的布局形式

（1）贯通式生产线

贯通式生产线由制件的定位夹紧系统、工位间输送系统、输送杆、驱动系统、自动上下料的机械化系统等多个部分组成，且定位夹紧系统与工位间输送系统相互独立。当贯通式生产线处于工作状态时，输送系统中的贯通式往复杆会将制件运送到下一工位的夹具当中，并确定制件位置。具体来说，贯通式生产线主要具备以下几项特点：

① 可装配多台电焊机，支持多种焊接操作方式，如手工焊接、半自动焊接、全自动焊接等。

② 分总成可以在车身横向流水时进一步提升自动化程度，实现自动上下料。

③ 在输送系统中，驱动部分和输送部分的机构复杂度较低，调试难度较小。

④ 工位上的焊接夹具具有较强的稳定性，能够为整个生产线实现高质量的车身焊接提供支持。

⑤ 尺寸较小，能够为物流提供方便，同时也有助于优化布局，提高布局的科学性和合理性。

（2）转台式生产线

转台式生产线具有尺寸大、驱动结构复杂度低、中间面积利用难度高等特点，且需要借助可回转接头与水、气和电流的接点连接，难以充分满足各类制件生产的要求，只能生产各种质量和工位间距较小的分总成制件。从实际运作方面来看，转台会在制件进入生产线时进行单向间歇式运转，让制件可以依照相应流程依次经过各个焊装工位并在完成焊装后离开生产线。

（3）地下环形生产线

地下环形生产线具有尺寸小、夹具结构复杂度高、输送系统复杂度高等特点，在制造、调整和维修方面的难度较大，且地坑土建工作量也比较大。从实际运作方面来看，环线两端的升降装置可以将随行夹具从地坑运送到原始位置，支撑夹具实现在生产线中的循环。

（4）椭圆形地面环形生产线

椭圆形地面环形生产线可以通过链传动的方式进行夹具运输，循环使用各个随行夹具，且具有传动机构复杂度低、制造难度低、调整难度低和维修难度低等诸多优势，但同时也存在尺寸较大的不足之处，需要占据较大空间。

（5）矩形地面环形生产线

矩形地面环形生产线可以利用环线两端的横移装置将夹具运送回原始位置，实现随行夹具的循环使用。与椭圆形地面环形生产线相比，矩形地面环形生产线的尺寸较小，无须占用过大空间，但同时也存在横移装置结构复杂度较高、输送装置结构复杂度较高等不足之处，难以进行制造、调整和维修。

（6）"门框"式生产线

"门框"式生产线需要使用悬链来悬吊各个焊接夹具，形似门框，具有效率高、成本低、灵活性强、适应性强、厂房面积利用率高和不受分总成存储面积影响等特点。具体来说，在"门框"式生产线中，悬吊在悬链上的随行夹具中装有已完成焊装的分总成，可以将其运送到总成焊装线中，其中，总成焊装线上的夹具主要在地面循环，而分总成焊装线上的夹具会在空中循环，能够充分利用空中的空间。

5.3.3　焊接生产线的布局与设计

焊接生产线布局与设计流程如图5-19所示。

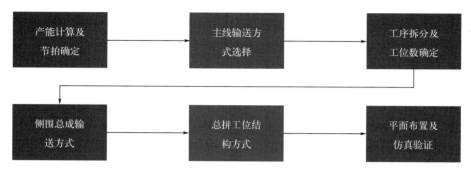

图5-19　焊接生产线的布局与设计流程

（1）产能计算及节拍确定

设计焊接生产线，首先要估算企业当年的产能目标，有了产能目标后，结合企业的生产规划、各部门的工作日程，敲定不同工位之间协同工作的细节，计算生产节拍、生产天数等。

① 生产节拍：工厂每小时所能生产的产品数。

② 生产天数：以一年为周期，去除双休与节假日等休息日后剩余的工作日，一般为250天。

③ 每天生产时间：单班制按8小时计，双班制按16小时计，三班制按22.5小时计。

④ 设备开动率：正常生产时，车间中处于工作状态的设备占所有设备的比例。考虑设备检修、维护等因素，在焊接生产线上，这个数值通常为90%。

（2）主线输送方式选择

主线上工件的输送方式决定了运输所需要的时间以及工件输送的效率，合理的输送方式能够使生产线持续有效运转。只有保证各工位的正常运转，设计者才能据此划分工序，并最终确定工位的类目。目前主要使用的主线输送方式有三种，分别是往复杆式、滚床滑橇式和随行夹具式。三种输送方式的成本、工作效率、所需设备都不同，需要根据生产线的具体情况进行选择。

① 往复杆运输

• 优势：成本低，工作稳定，体积小。

• 缺点：工作效率低、对复杂生产线的适应能力低。往复杆运输工件需要完成上升、运输、下降、复位等多个过程，所需时间较长；由于往复杆做直线运动，在弯曲的生产线上需多段铺设，且为了保证精度，要结合定位夹具才能使用，结构复杂。

• 适用场景：生产节拍慢，对效率要求不高的生产线；或工位较少，结构较简单的生产线。

② 滚床滑橇运输

• 优点：成本适宜，精度较高，工作效率比往复杆运输高近一倍，且输送线可弯曲，对复杂生产线的适应能力更强。

- 缺点：架设滑橇时需要预留出滑橇返回的空间，这会增加运输线路的体积，影响其他设备的安装；滚床自身比较昂贵；另外，由于滚床滑橇难以定位，也需要夹具的辅助。
- 适用场景：生产节拍快、对效率要求较高的生产线；或工位较多、结构较复杂的生产线。

③ 随行夹具的运输

- 优点：工作效率最高，单次输送比滚床滑橇快近一倍；输送结构同时也是夹持结构，定位效果较好；因赋予了输送构件定位的功能，得以去除额外的夹具结构，使输送单元尽可能精简。
- 缺点：成本较高；且同样需要为滑橇返回预留足够的空间，因此体积也较大。
- 适用场景：生产节拍极高，达到50件每小时及以上的焊接生产线。

（3）工序拆分及工位数确定

设计者在划分工序之前，首先需要将所生产产品的信息录入系统，确定焊接任务。此外，在划分并确定工位时，不应脱离以下几个基础：

① 在设计点焊工艺时，每个焊点的焊接时间一般设置为3s；

② 弧焊过程中会产生大量尘埃颗粒，导致工作速度减慢，为降低对生产线的影响，需要尽量将弧焊工艺集中起来；

③ 工件的装载、拿取，夹具的松放所需时间受生产线实际情况影响较小，可以沿袭其他生产线的设置；

④ 在划分工序时，应注意工件输送与每个工位工作时间不得超过工位有效工作时间总和；

⑤ 应估算不同工位工作效率差异带来的额外时间成本。

（4）侧围总成输送方式

侧围总成属于A级面，是用户日常使用中频繁接触的外观面，所要求的工艺质量比较高，因此在设计输送方式时，必须综合考量工件供给的速率、是否要进入库存、侧围线的分布等条件。输送方式可选择单侧围输送或双侧围输送，两种方法各有优劣。

① 单侧围输送

- 优点：输送线的造价较低，且输送装置兼顾了固定工件的职能，省去了多余的结构。
- 缺点：整条输送线只能同时输送一个侧围总成，导致生产线整体工作效率低；缺少缓冲区，若当前总成存在故障，整个生产线都需要停产，等待故障解决；侧围总成在下一步加工时需要由翻转夹具固定并翻面，可能造成额外的误差。
- 适用范围：对生产效率要求不高，侧围线分布于两侧，配备了翻转夹具的焊接生产线。

② 双侧围配套输送

- 优点：工作效率相比单侧围输送更高；拥有缓冲区，减少了不必要的等待时间；总拼工位的夹具种类可切换。
- 缺点：必须安装上下件的机械臂等辅助设备，生产线的造价较高。
- 适用范围：对生产效率要求较高，侧围线与主干之间距离较大的生产线。

（5）总拼工位结构方式

总拼工位的结构一定程度上受侧围线影响，应根据生产线的分布、车辆型号等调整总拼工位。翻转滑台、可切换柔性滑台、背扣式是三种比较常见的总拼工位结构方式。

① 翻转滑台。主要适用于单侧围输送方式，首先由翻转夹具固定总成，并翻转至垂直方向，再使用滑台完成总成的拼装。该结构方式不需要预装侧围总成，而是直接进行焊接，简化了生产线的组成，但生产效率也较低。

② 可切换柔性滑台。这一结构方式将滑台与夹具拆分开，夹具可以在启用与禁用状态之间切换，可以满足不同车辆型号生产的需求，更加灵活，也能够提高车间整体的生产节拍。但由于滑台所占空间过大，无法在工位预装侧围总成，因此应额外设置工位完成预装工序。

③ 背扣式。这一结构方式的夹具从铰链两侧延伸出来，当铰链转动后，夹具收紧，实现对侧围总成的固定。该结构方式能够适应高生产节拍，但结构本身灵活性较低，无法拼接多种车辆型号。一般适用于固定生产某一车型的生产线。

除了以上三种结构方式以外，总拼工位的结构方式还可以根据生产线的具体分布进行灵活选择，其根本原则是提高焊接精度，加快生产节拍。任何总拼工位的结构都不是一成不变的，但应注意，总拼工位的空间尺寸必须处于适度范围内，便于在平面布置工序。

（6）平面布置及仿真验证

在进行平面布置时，需要综合考量工厂的空间结构，以及已有工位的分布，根据侧围总成的运输方式等信息搭建物理模型，并录入总拼工位的空间尺寸，在虚拟环境中验证整个焊接生产线的设计是否合理，工序是否能顺利完成。完成这个步骤时应注意以下几点：

① 对于生产线上一些进行工件装配的工位，需在其周围预留出物料输送以及上料的空间；

② 若使用单侧围输送方式，需要在生产线主干的两侧都设置侧围线，保证侧围总成的供给；

③ 生产线的分布应尽量远离车间的钢制结构，避免工位与立柱距离过近等情况；

④ 应注意以 1:1 的比例完成建模，小到固定构件，大到厂房的整体结构，都要与实际环境保持一致；

⑤ 有些结构无法弯曲，若生产线被立柱等阻挡而无法保持直线，就无法在该位置架设相关工位，整体布局也需要调整；

⑥ 生产线的实际宽度受制于厂房整体空间布局，还与工位的设置及设备的大小有关；

⑦ 在平面布置中，除了保证模型运转不受限制之外，还应该注意为物流通道等无实体结构预留足够的空间，避免在实际生产中发生拥堵，影响生产节拍。

5.3.4　机器人在焊装生产线的应用

工业机器人能够提高生产的速度、精度，在汽车等对精密度要求较高的制造业领域应用极广。目前，车身冲压、构件焊接、车身总拼等工艺对机器人的依赖程度较高，尤其是在车身焊接工序中，使用机器人代替人工，不但能提高焊接的速度，还能够使焊接更加稳定，在提高车身表面质量的同时，让车身的连接更加牢固。

（1）焊装线机器人的工作原理

焊装线机器人通过模仿人的焊接动作或感知与决策过程完成焊装工作。这一过程有几种实现方式，分别是示教再现、遥控、编程控制与自主控制，其中，示教再现直接将人的动作转化为机器人的行为，不存在对外界环境的感知。示教再现在焊接工艺中使用较多，主要是参照对人的行为的记录，单一地重复某个过程，适用于工作内容简单的工序，如弧焊、涂胶等。

（2）机器人在焊装车间的应用方式

根据焊接机器人搭载设备与夹具分布的不同，大致可以将应用方式分为以下几种：

① 滑轨+焊接机器人系统。滑轨+焊接机器人系统如图 5-20 所示，滑台上连接有两台夹具，当夹具固定工件后，电驱会推动滑轮进入❸焊接区进行焊接。❶是工人供给物料的区域，❷是夹爪取下物料的区域，机器人的焊接工作需要与上下料的过程相配合。通过统筹❶、❷、❸的工作节奏，可以减少等待时间，提高生产节拍。这一系统主要依靠滑轨稳定运送物料的特性持续完成焊接工作。

② 打胶装置+搬运机器人系统。该系统主要由机器人固定工件，并不断旋转工件，完成涂胶过程。胶枪的位置是始终不变的，大大降低了系统的复杂程度。

由于胶枪只负责涂胶过程，基本不会发生故障或产生误差，因此即使无法移动，也能够适应比较高的生产节拍。而机器人的灵敏度高、计算能力强，不但能够根据示教过程控制工件完成运动，还能够及时排查出系统存在的问题。

③ 组装夹具+搬运机器人+焊接机器人系统。焊接生产线上最重要的一道工序就是

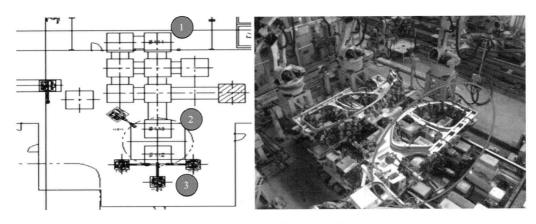

图 5-20　滑轨 + 焊接机器人系统

车身的焊接，具体是将侧围总成与地板总成等车身构件焊接到一起。组装夹具分别固定车身的各个部位，通过焊接机器人焊接各个车身总成。

因此，若生产线上需要生产多个车辆型号，一般会在主夹具两侧分别设置一个多面体，不同型号的夹具分别固定在多面体的不同面上，通过转动该多面体，便可实现夹具型号的切换。此外，还需要在两侧分别安装一台拿料机器人，将侧围从小车上转移到夹具上。用来固定地板总成的夹具直接架设在台车上，台车在工位上往复运动。不同种类夹具夹持总成构件，在可编程逻辑控制器编写的程序的引导下将构件拼接在一起，再由焊接机器人完成焊接过程。每个可旋转多面体都有四个面用于装载夹具，因此单个主合成工位最多可满足四种车型的生产需求。

④ 搬运机器人 + 固定焊机系统。该系统包括搬运物料的机器人和电焊机器人，其中电焊机器人相当于上文的胶枪，不能移动，由搬运机器人移动工件完成焊接过程。该系统的优势是对不同工件与不同焊接要求的适应性较强。

⑤ 包边压力机 + 搬运机器人系统。该系统经过生产实践，简化掉用于转移物料的设备，直接使用机械臂夹持工件，通过机械爪来移动、旋转物料，实现工件的冲压成形。这种简化后的搬运系统不仅提高了工作效率，还使得冲压过程更加安全。

⑥ 机器人滚边系统。以车门生产中的相关工艺为例，一般使用电阻焊机器人完成内板的焊接，再使用涂胶机器人在内板完成膨胀胶的涂布，在外板完成结构胶与包边胶的涂布。在过去，一般使用包边模连接车门内外板，并借助包边压力机压紧车门；现应用机器人滚边系统完成包边过程，然后通过焊接机器人将门框拼接固定。拼接完成后，拿件机器人会将车门转移至小车，并输送到装配工位上。

⑦ 搬运小车 + 搬运机器人系统。空中自行小车和搬运机器人相互配合能够实现绝大多数车型的工件搬运。在生产内容发生变动时，通过调整机器人的拿取方式、旋转路线，就能及时适应生产活动，比较灵活，因此搬运小车 + 搬运机器人的组合成了车间内

主要的搬运方式。在设计时应注意，随着每小时生产工件数的提高，小车的速度也会加快，供其他结构通过的空隙就会变小，应预留出足够的空间。

⑧ 搬运+焊接机器人系统。将搬运结构附着在焊钳上，使得同一台机器人既可以搬运工件又可以焊接工件，从而充分利用机器人资源。在一些布局紧密的车间中应用这一焊接系统，不但可以缓解空间压力，还能够加快工作节拍，提高工厂的自动化水平。

（3）机器人焊接自动线

将以上几种焊接系统组合起来，在适当位置架设输送装置，就能够将不同工序串联起来，实现机器人焊接的自动化。这也是未来汽车部件焊接领域的一个重要发展趋势。

使用机器人完成生产线上的焊接工作，使得不同工件之间焊点数量的波动减小，工件在焊接工序中的停留时间大致相等，因此，每个机器人系统都能够最大程度地参与生产，提高了生产的效率和稳定性。

第 6 章

智能物流仓储 系统设计

6.1 智能工厂物流系统规划步骤与关键要素

6.1.1 智能工厂物流的需求梳理

智能工厂物流规划具有整体性、系统性的特点，需要按照既定的步骤有序推进。一般来说，智能工厂物流规划的过程大致可分为需求梳理、概念设计、初步规划、详细规划、方案验证、实施落地六个环节。

订单可以反映出消费者和客户的需求，智能工厂可以根据订单来安排产品生产、入厂物流、检验存储、物料齐套、工位配送、成品入库、存储、发运和交付等各个环节的工作，促进物料和产品的流动，进而有效推动产品交付，达到优化客户体验和提高客户满意度的效果。

智能工厂涉及智能生产、智能物流等多项内容。其中，智能物流可以连接起订单交付过程中的所有环节，并提高供应商与客户之间的协同性；智能生产是整个订单交付流程中的重要组成部分，可以融合智能生产设施与智能物流系统，并借此提高物流的中心化程度。物流体系与智能工厂的关系如图6-1所示。

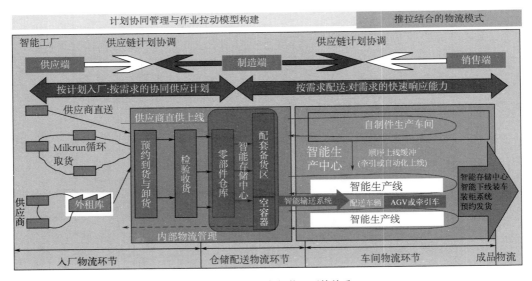

图6-1 物流体系与智能工厂的关系

随着价值链运营的逐步推进，物流与智能工厂之间的关联越来越紧密，智能工厂需要充分利用流动思维和供应链交付思维，进一步推动工厂规划和运营管理工作。现阶段，在工厂规划和运营管理方面，各个制造企业均认识到了物流的重要性，并积极落实"大交付、大物流、小生产"和"制造工厂物流中心化"的理念。

　　智能工厂物流需求梳理通常要用到现场调研、人员访谈、问卷调查、数据收集、会议讨论和现有文件审查等方法。在需求梳理过程中，相关工作人员既要对整个工厂的运营体系进行调研，全方位掌握各个部门对当前物流需求问题的理解情况，也要利用设计合理的表格来采集各项数据信息，并确保数据量、覆盖周期和覆盖范围等内容均具有明确的定义，实现有效的数据收集。

　　需求梳理是智能工厂物流系统规划的第一步。为了提高规划需求的合理性、准确性和有效性，智能工厂需要获取和运用大量有效数据，深入了解当前的运营情况。对规划团队来说，需要从假设出发对未来智能工厂的场景和形态进行描述，帮助业务部门实现对智能工厂物流需求的深入理解，并获取各类相关建议，同时也要根据当前业务实际情况对物流需求进行梳理、整合和规划，借助系统逻辑联系起各项问题和规划需求，从而进一步提高规划需求的精准性、整体性和预见性。需求梳理和数据调研主要内容如图6-2所示。

6.1.2　智能工厂物流的概念设计

　　相关工作人员应在完成需求梳理工作的前提下综合运用各项相关资源，如智能工厂战略、智能工厂价值导向、行业内外最佳实践、行业发展瓶颈、企业发展瓶颈、智能物流发展概念、智能物流技术应用前沿、产品及工艺特征、战略绩效要求、基础条件（如产线节拍、产能规划、有效工作时间等）等，并充分发挥各项相关技术和方法的作用，如创意设计与提纯、概念提炼与转化、头脑风暴与专家研讨、从思维到轮廓的转化、从感性到理性的转化、从多样到确定的转化等进行智能工厂物流的概念设计。

　　具体来说，以物流为主线的智能工厂概念设计模型如图6-3所示。

　　智能工厂物流概念设计环节所输出的内容大致可分为以下几类：

　　① 工厂物流战略：相关工作人员需要全面考虑各项战略制订相关因素，并根据制订步骤按部就班地确立智能工厂物流战略。一般来说，物流战略中应包含可操作性较强的中长期规划和可衡量性较强的绩效指标等诸多内容，能够在一定程度上为工厂运作提供支持。

　　② 工厂能力清单：通常包含智能工厂稳定运行和发展所需的各项能力，如客户订单响应速度、产品定制能力、生产柔性化程度、数字化特征和可参观性等。

　　③ 工厂蓝图：通常涉及物流、基建、产品、制造和信息五个方面的内容，能够从不同的维度对工厂进行描绘。一般来说，从物流维度上来看，工厂蓝图中包含工厂物流整体运作逻辑、园区物流大致流向和工厂物流能力成长路径等多项内容，从基建维度上来看，工厂蓝图还包含园区大致的开门、建筑形式（如钢结构、混凝土等）、建筑物数量、建筑物层数和建筑物之间的逻辑关系等内容。

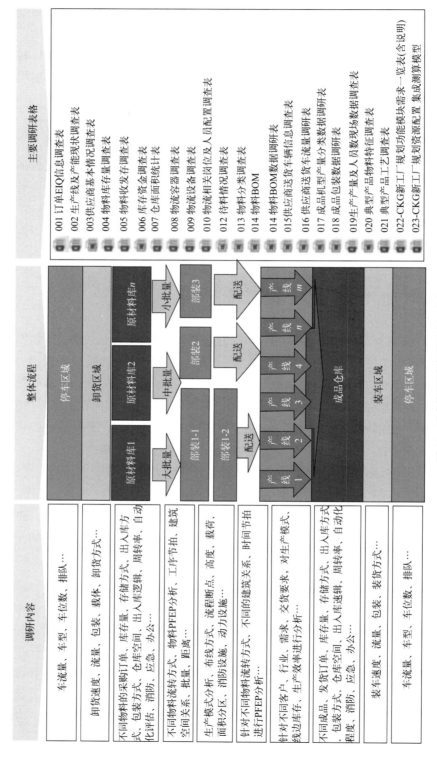

图6-2 需求梳理和数据调研主要内容

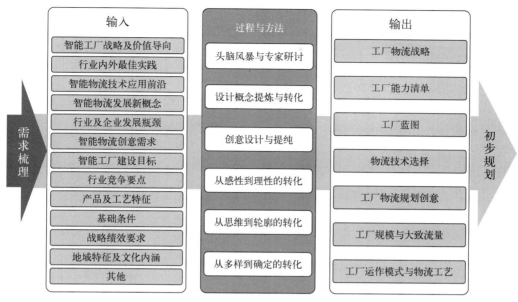

图6-3　以物流为主线的智能工厂概念设计模型

④ 物流技术选择：进行智能工厂概念设计时所选择的物流技术既要具备解决工厂痛点的作用，也要符合各项相关物流技术概念。例如，来料托盘件需要用到堆垛机立体库，成品下线和转运需要用到输送线。除此之外，概念设计环节还可能会针对某一环节输出两种或多种物流技术，智能工厂可以借助这些技术为自身的物流工作赋能。

⑤ 工厂物流规划创意：主要包含智能工厂物流规划的亮点和突破点等内容。例如，楼顶停车是小汽车停车规划中的亮点，柔性化的托盘设计可支持存储各种尺寸的托盘类大件，是兼容性存储规划中的突破点。

⑥ 工厂规模与大致流量：工厂规模指的是智能工厂在符合自身的物流概念设计情况的前提下所应达到的年产能、均值产能和月度峰值产能等。大致流量指的是各个环节的流量数据情况，主要涉及建筑物之间的流量、工序之间的流量和园区各物流门的流量等内容。

⑦ 工厂运作模式与物流工艺：工厂运作模式指的是符合战略定位和价值导向的工厂运作方向，通常涉及以交付为目标的运营管理和重视信息集成互联的差异管理等内容。物流工艺指的是整个物流运作流程中所使用的方法和技术，一般来说，物流运作流程包含物料到货、物料卸货、物料收货、物料检验、物料入库、物料存储、物料拣选、物料配送、产成品入库、产成品存储、产成品发运等多个环节。

智能工厂在完成概念设计模型的构建工作后，需要进一步制定物流战略，规划概念蓝图，并设计相应的实现路径，进而打造出能够充分满足企业需求的概念设计方案。

6.1.3 智能工厂物流的初步规划

在初步规划阶段，智能工厂应全面考虑自身的客观条件，积极推动概念设计落地。具体来说，智能工厂物流初步规划需要以概念设计为基础，综合分析概念设计方案、地块环境、地块特征和参数、地方政策和规范条文、规划原则、约束条件、运营指标、产品及生产工艺、生产和物流当量、物流工艺、物流技术选择等各项相关信息，并充分发挥单一零件规划（plan for every part，PFEP）的作用，同时对物流资源需求、生产及物流流量等进行测算，构建和应用物流智能化导入模型，对功能区进行科学合理规划。

具体来说，以物流为主线的智能工厂初步规划模型如图6-4所示。

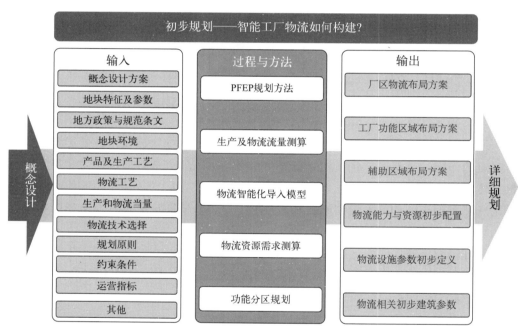

图6-4　以物流为主线的智能工厂初步规划模型

在初步规划阶段，智能工厂物流主要用到以下几项内容：

（1）厂区物流布局方案

厂区物流布局方案与食堂、宿舍、停车场等生活配套设施规划密切相关，合理的布局方案能够为员工的生活提供便利，例如，在厂房、食堂和宿舍之间规划建设风雨连廊可以为员工遮阳避雨。一般来说，厂区物流布局方案中包含园区开门、园区道路、卸货区域、建筑业态和生活配套设施等内容。

（2）工厂功能区域布局方案

工厂功能区域布局方案中主要包含物流区域的布局规划和生产区域布局规划。其中，物流区域的布局规划主要涉及对原材料以及成品的收发区域、存储区域、周转区域的排布，排布方式通常为连接生产区域的多点分布或独立于生产区域之外的集中分布，具体排布方式与企业规模、生产模式、管理水平等因素相关；生产区域的布局规划主要涉及对前工序区域和组装工序区域的排布，能够在一定程度上影响生产作业效率。

（3）辅助区域布局方案

辅助区域布局方案中主要包含园区辅助区域的布局规划和建筑物内辅助区域的布局规划两项内容。其中，园区辅助区域的布局规划主要涉及对位于园区内的各项辅助设施的安排，如高压变电站、低压变电站、空压机房、安防设施（围墙、门卫岗、监控室、消防控制室）、环境设施（污水处理站、工业垃圾站、废料回收房）、危险品仓或气站（溶剂室、气瓶间等）、和生产相关的地磅等；建筑物内辅助区域的布局规划主要涉及对位于建筑物内部的各项辅助设施的安排，如洗手间、茶水间、生产办公室和设备辅助用房等。

（4）物流能力与资源初步配置

物流能力与资源初步配置主要包括物流区域面积规划、物料存储方式、配送方式初步配置、料箱件立体库所需库位数量规划、基于流量的物流设施数量初步测算等内容。

（5）物流设施参数初步定义

物流设施参数初步定义中的参数主要包含物流设施的类型和数量等。例如，智能工厂物流系统中的部分环节需要用到自动导引车（automated guided vehicle，AGV）等工具，此时，物流设施参数初步定义即初步测算智能工厂物流系统所需AGV的数量。

（6）物流相关初步建筑参数

物流相关初步建筑参数主要涉及对生产建筑形式、建筑轮廓、防火分区、柱距、载荷、高度、层高和雨棚等内容的规划。

初步规划具有一定的复杂性，通常涉及多个目标和多项规则，且各项规则和约束条件均与行业、企业、地块、战略导向等因素相关，因此工厂在进行初步规划时需要在综合考虑各项因素的基础上找出最佳方案。

工厂在进行初步规划的过程中，应充分利用数字模型思想，对各个问题进行针对性分析并求解，从而生成相应的初步布局方案，同时这些方案中也会明确展示出各项利弊，以便工厂对各个方案进行全方位分析，并根据分析结果选出最佳方案。

全面详细的输入是智能工厂物流初步规划的关键。一般来说，没有经过系统规划的方案大多缺少约束条件，受求解角度的影响，会产生大量不同的规划方案，进而造成求解分散，导致工厂无法做出有效的判断和决策，需要花费更多的机会成本，且面临着更大的决策风险。

6.1.4　智能工厂物流的详细规划

在完成初步规划后，工厂还需在此基础上进一步综合考虑具体的PFEP方案、物流运营逻辑、物流信息技术、生产物流动线、详细物流参数、智能制造参数、关键环节聚焦、人文要求、物流技术及参数（如搬运技术、存储技术、拣选技术等）等各项相关内容，制订符合自身实际情况的详细规划。

从实际操作上来看，在制定智能工厂物流详细规划的过程中，工厂需要充分利用细化设计的PFEP，深入研究并明确选择和应用适合自身的物流技术，同时也要理清物流流程，明确所需使用的信息技术，研究并设计智能化物流场景和环境，细化各项建筑参数。

具体来说，以物流为主线的智能工厂详细规划模型如图6-5所示。

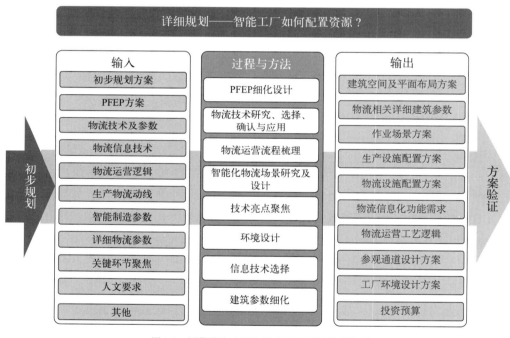

图6-5　以物流为主线的智能工厂详细规划模型

在详细规划阶段，智能工厂物流主要用到以下几项内容：

（1）建筑空间及平面布局方案

建筑空间及平面布局方案中包含对所有区域的详细布置，如收货区、发货区、成品区、半成品区、不良品区、原料存储区、容器具存放区、备品备件区和叉车区等，且方案会细化到以平方米为单位，涉及物料类型、存储方式、器具摆放方式、区域间物流动线、线边工位对接形式等诸多内容。

（2）物流相关详细建筑参数

物流相关详细建筑参数在设计和施工环节发挥着十分重要的作用，具体来说，主要涉及设备吊装口、物流设备开孔尺寸、电梯数量、电梯参数、水幕尺寸、防火卷帘尺寸、立体库建筑参数（如水平度、不均匀沉降、加强筋距离等）等各项相关数据。

（3）作业场景方案

作业场景方案指的是针对不同阶段的运作场景所规划的物流方案，主要涉及入场物流、生产物流和成品物流，实际方案中通常包含对各类物料在到货、卸货、存储、出库和配送等环节的具体安排。

（4）生产设施配置方案

生产设施配置方案与生产工艺之间存在密切关联，主要包括工厂在生产设施、设备类型、设施和设备的数量以及能力等方面的规划。

（5）物流设施配置方案

物流设施配置方案中包含工厂在物流技术以及物流设备和物流设施的类型、数量、能力等方面的选择和规划。

（6）物流信息化功能需求

物流信息化功能需求与入场物流、仓库管理、物料配送、成品物流、容器具管理和应急物流等环节相关。工厂在输出物流信息化功能需求时需要先明确作业场景方案和运营逻辑，再构建清晰的智能工厂物流系统信息化整体框架，同时也要掌握整个流程中的每个活动节点的输入、信息驱动、信息采集和输出等内容。

（7）物流运营工艺逻辑

物流运营工艺逻辑指的是整个生产制造流程的物流运作逻辑，涉及到货、卸货、收货、检验、存储、配送、成品入库和发运等多个环节，主要包含齐套时间、拣选提前期、库存周期控制、库存面积控制以及物料包装基础要求等内容。

（8）参观通道设计方案

参观通道设计方案指的是根据企业的参观需求所制定的参观通道规划，主要包含参观通道走向、主要参观景点等内容。

（9）工厂环境设计方案

工厂环境设计方案指的是对工厂环境的规划设计，与工作、休息息息相关，直接影响着工厂内部人员的日常生活。

（10）投资预算

投资预算与企业决策相关，通常指根据物流设施配置方案、国内主流物流设备供应商价格等各项相关因素所确定的物流设施投资预算。

工厂在进行详细规划的过程中，应确保规划方案细化到每一平方米、每一个物料和每一个工位，并以此为标准对区域物流、成品物流、零部件物流、生产物流动线和线边工位空间等做出详细规划，同时也要提高内外部各个部门之间的协同性，详细规划各个活动节点的物流设备和设施，并明确相关要素和建筑参数需求定义，确定各项相关技术参数和标准，充分落实物流设施配置和物流流程设计工作。

除此之外，工厂还需全面考虑人机料法环要素连接方面的各项问题，如建筑的连接、人员的连接、后勤的连接、制造设备的连接、配套设施的连接、外围车辆的连接、品质的连接、物流设备的连接、物流容器具的连接、安全/门禁的连接、物料/产品流转的连接、生产/工艺过程的连接以及供应商/主机厂/客户的连接等。

6.1.5 智能工厂物流的方案验证

在制定好详细规划后，工厂还需充分发挥仿真技术的作用，进一步对智能工厂物流方案进行验证，并根据验证结果对方案进行优化和完善。

从实际操作上来看，工厂需要先根据实际物流运作场景构建系统模型，再借助该模型来进行实验，并对系统特性进行分析，对目标参数进行优化，同时也可以借助实验大致估计系统运行效率。由此可见，工厂可以借助智能工厂系统仿真模型找出物流规划中的不足之处，并有针对性地对物流规划进行调整和完善，从而将物流规划优化至最佳水平，防止出现影响工厂运营的各类物流问题。

工厂物流仿真可以按照应用场景划分为虚拟现实流程动画仿真、物流离散事件数据仿真、物流系统运营仿真三种类型。一般来说，智能工厂通常采用虚拟现实流程动画仿真或物流离散事件数据仿真的方式来对物流规划方案进行验证。

（1）虚拟现实流程动画仿真

智能工厂在通过虚拟现实流程动画仿真的方式来验证、讨论、介绍和宣传物流规划方案时，需要充分发挥虚拟现实仿真技术的作用，进一步明确物流系统的物理空间位置、工厂物流运作场景和物流系统与生产线体等设施之间的相对关系。

除此之外，相关工作人员还可以利用三维建模技术对智能工厂物流规划相关的场景进行等比例三维建模，同时也要从物流系统运行的流程和逻辑出发，在三维模型中建立起动态化的逻辑关系，以动画的形式直接呈现出整个工厂物流流程中的所有环节，以便实现对物流方案的深入研究和有效优化，确保物流系统运作流程和逻辑的立体化和可视化程度。虚拟现实流程动画仿真示意图如图6-6所示。

图6-6　虚拟现实流程动画仿真示意图

（2）物流离散事件数据仿真

智能工厂的相关工作人员可以充分利用物流离散事件数据仿真方法，在存在各类不同约束条件的情况下，实现对生产系统的综合产出和系统设备及设施的负荷情况等相关数据的计算。具体来说，物流离散事件系统数据仿真技术已经被广泛应用到作业排序、生产调度、物流设备负荷、生产系统优化、生产线平衡优化和物料配送方案优化等多项工作当中，并发挥着十分重要的作用。

从实际操作上来看，智能工厂需要先深入分析物流系统的结构和流程，再参考分析结果构建系统模型，最后选择与自身实际情况相符的仿真方法对物流系统进行模拟，进而达到物流离散事件数据仿真的目的。

物流离散事件数据仿真可帮助工厂掌握物料在运输和存储过程中的各项统计性能，具体来说，主要包括运输设备利用率、运输路线畅通性、物料搬运系统流动周期等各项相关数据。

（3）物流系统运营仿真

智能工厂可以在掌握各项相关运营基础数据和信息系统的前提下，充分发挥物流系统运营仿真的作用，实现对生产物流系统运作情况的有效分析。具体来说，智能工厂可以借助物流系统运营仿真来衡量信息系统在逻辑和算法上的可行性，验证信息系统在设计方面的合理性，并评估日常排产计划的合理程度。

智能工厂在推进物流系统运营仿真工作的过程中，需要在掌握运作计划的基础上构建物流系统仿真模型。从实际操作上来看，工厂应构建完整的生产流程模型，并充分发挥高级计划与排程、生产执行系统等各类相关系统的作用，在工厂运作方面提供一定的助力，在生产环境资源方面提供一定的约束力，以便充分利用物流随机事件的动态调度策略，实现生产物流系统仿真模型的稳定运行和分析优化。

不仅如此，智能工厂的相关工作人员还可以在运行阶段随时提取生产物流仿真模型，并从具体的生产运作场景出发来完成各项推演工作，同时实现对各项相关指标参数的精准计算，并据此对工厂运作情况进行预测，进而支持工厂做出科学、合理、有效的运营管理决策。

6.2　智能仓储系统的设计与实现路径

6.2.1　智能仓储系统的主要特征

智能制造是一种新型生产方式，依托于物联网、云计算等新一代信息技术与先进制造技术的创新性融合，能够进行自动感知、自主学习、自主决策、自动执行与自主适应等操作，可以贯穿于制造活动的各环节、全链条。

智能制造的智能化并不仅仅局限于"制造"，而是渗透于整个生产链条的多个环节，从产品、装备、物料等客观物质条件准备，到设计、生产、服务管理等组织过程，可以说智能仓储系统贯穿了产品的整个生命周期。通过仓储管理信息化系统平台能够实现对仓库资源的合理配置、优化仓库布局和提高仓库的作业水平，加快仓储管理信息化系统平台建设、应用与普及已成为推动制造业转型的重要着力点。

在智能制造大环境下，智能仓储属于"大后方"，可以为制造端与客户端的互动提供核心支撑，是制造业供应链上的关键一环。除了对仓库物资的归类、记录外，实现库存品的信息录入、数字化管理也是智能仓储的功能之一，这一工作既包括对订单状态的实时监测与追踪，保证管理人员能够从数字平台上查询到各项状态信息，又包括条码技术支撑下的货物信息追溯。上述功能的实现依托于数字技术与生产环节的深度融合，通过技术赋能，能够确保智能仓储系统建设和应用的顺利推进。

智能仓储系统所使用的先进数字技术包括计算机技术、物联网技术、传感通信技术、自动控制技术、人工智能技术等，通过这些技术，能够提升进出库、存储、调拨、分拣、盘点、包装、配送等仓库作业的效率，简化库存管理、订单履行和运输等流程，提高企业供应链运营的能见度，及时追溯货物信息，实现功能集成并进行智能化决策。

智能仓储系统主要具有以下四个特征。

（1）可视化

即对库存信息进行高效获取和迅速上传，使之能够在需要时被有权限的管理人员实时查询。使货物的实时库存状态始终处于数字化设备与管理人员的监管之下，并能够在完成相关信息的查询后根据需要执行结果输出、库存操作单据自动化生产等操作，让管理者能够更快更高效地掌握库存管理信息，以此进行相应的库存管理决策以降低成本。

（2）可追溯

指顺着产品生产与销售供应链对货品进行定位，获取其状态信息的能力。这种能力是通过产品的批次号或流水号系统实现的，是所有能够被独立寻址的货物实现互联互通的基础。在不同的行业中，产品追溯发挥着不同作用。在汽车行业，它成为进行问题汽车召回的关键桥梁；在食品生产行业中，其主要用于食品质量安全信息的顺向追踪或逆向追溯，保证整个生产销售活动都处在有效监控之中。

（3）可集成

指对硬件、软件以及通信技术等原本独立分离的仓储系统进行组合搭配，丰富仓储系统功能，使操作更具灵活性。通过集成，各部分能够实现信息共享、功能协调，进行互联与互操作，以此实现系统整体性能的最优。

（4）智能决策

通过对数据进行分析，能够快速洞察供应链和市场，提取出有效信息，使用数据、模型等数学知识，通过人机交互提供建议或意见参考，提供短期或临时的决策，以实现对环境变动的迅速反应，帮助决策者提高决策的科学性和可靠性。

6.2.2　智能仓储系统的架构设计

智能仓储系统使用分层设计，整个系统的架构如图6-7所示。

感知层主要负责采集和传输各种信息。通过摄像头、机器视觉、无线传感网络、条码等对原料、半成品、成品、包材、线边仓等外部世界物理信息进行采集，随后借助传感器总线（sensorbus）、蓝牙、Wi-Fi、5G等通信传输技术将数据信息送至平台层。

平台层由数据中台和技术中台构成，主要负责数据信息的处理、决策指令的生成与下达等。其中，数据中台接收感知层获取的信息后，对其进行统一存储和管理，管理覆盖数据整理、分析、检索的全生命周期，并将接收到的信息与企业资源规划（enterprise resource planning）系统、产品数据管理（product data management）系统、制造执行系统（manufacturing execution system）、仓库控制系统（warehouse control system）所产生的数据进行同步，具体如图6-8所示。

技术中台功能实现的核心是其微服务架构，在该架构的统领下，能够集成应用组

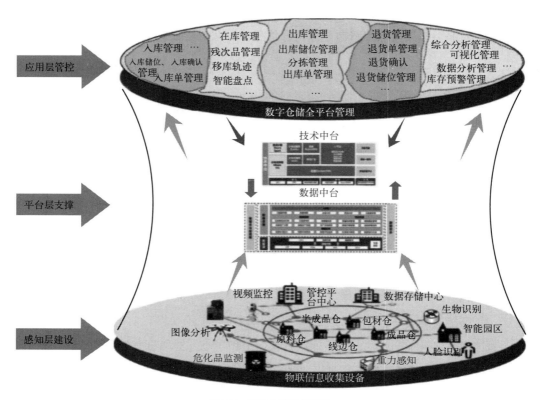

图6-7 智能仓储系统架构

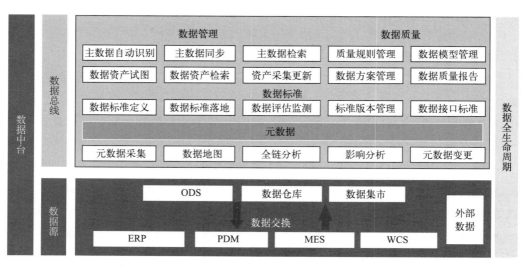

图6-8 数据中台

网、计算、安全和人工智能等关键技术，形成具有高算力、高响应能力的功能集合体。在接收来自数据中台的数据后，执行数据的分析、学习等操作，筛选识别出具有高价值的模式与特征，对这些提取出的内容进行进一步解析后为感知用户状态、识别用户需求提供支持，如图6-9所示。

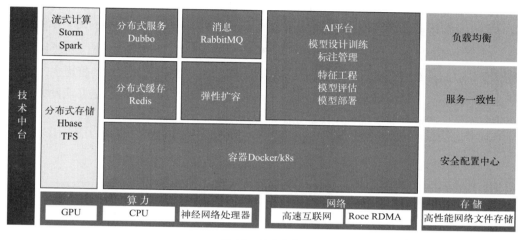

图6-9　技术中台

　　根据技术中台自身的业务逻辑，数据信息被中台处理后，进入应用层管控之前，需要先经历接口调用这一过程。在顺利进入应用层后，数据需要与各类智能装备进行交互，其中既包括提供环境条件的服务器、七色灯条、柱灯、电子看板等，又包括进行管理控制的工作站、网络控制器，还包括进行指令执行的标签打印机和AGV。各类装备与数据根据用户需求执行各种操作，完成各种功能，为用户提供个性化服务。

　　在上述三层系统架构的组织下，系统实现了对各类关键技术的集成，其中包括提供算力的边缘计算技术、进行设备连接与通信的安全连接技术和进行系统资源整合与配置的异构混合资源分布式调度技术，从而能在第一时间获取用户数据，提升各个环节的互动性与流通性，更好地实现仓储资源和制造资源的配置优化，做好各方面统筹，提升资源利用率。

　　智能仓储管理系统是智能仓储系统的"CPU"，管理与指令下达是智能仓储系统的核心功能。在过去，仓储管理模块的功能范围较为有限，局限于进库管理、出库管理、系统管理和在库管理四大基本管理模块，因此在服务提供方面往往存在单一化、灵活性较差等问题。智能仓储系统管理模块的引入则推动了智能仓储系统进一步升级，其原有功能在新技术的赋能下走向完善，从而具备了标识管理与决策管理能力。

　　标识管理对于智能仓储系统的意义在于，能够将原有的依赖人工识别、组织调度的生产过程转变为能够进行线上管理、数字化监测的过程，同时为生产设备实现"物联"创造条件。通过为各项物料产品标识唯一编码，建立物料与物料载体之间的紧密联系，对库内货架以及空间进行规划和划分，实现仓库动态的可视化，推动仓储管理的标准化、系统化。

为了更好地与智能制造生产数据的可视化相适应，智能仓储系统引入了决策管理模块，以便通过大数据分析进行储位动态规划、订单合理分配、智能化批次管理、拣选路径规划、智能装箱等智能决策。因此，对面向智能制造的智能仓储系统来说，其包括系统管理、入库管理、标识管理、在库管理、出库管理和决策管理六大模块。

除此之外，入库管理和在库管理模块还新增了与企业资源规划系统、制造执行系统、仓库控制系统进行对接的功能，从而实现对车间生产线的密切关联，打通生产线与产业上下游环节之间的壁垒，保证过程监管对物料生命周期的全覆盖，更好地发挥智能仓储的作用。智能仓储系统管理模块如图6-10所示。

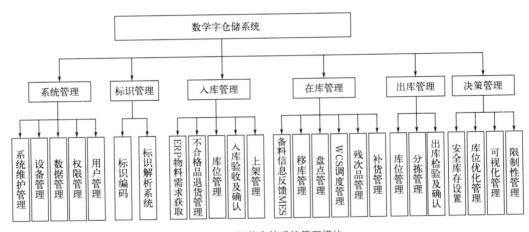

图6-10　智能仓储系统管理模块

6.2.3　智能仓储系统数据流设计

为了向智能制造提供最完备的服务，智能仓储系统各层之间明确分工，各自行使不同的功能，使整体性能达到最优，最大限度地发挥作用。

作为对仓库进行管理的实时计算机软件系统，WMS必须借助数据与MES、ERP、PDM、WCS（仓储控制系统）等管理系统建立关联，构建出与财务、设计、计划、制造相互承接、相互支撑、相互统一的数据流，推动产品从原料采买到最终交货各个环节的透明化、可控化。

ERP是系统获取用户需求的窗口，在对客户订单信息进行提取后，EPR自动与WMS进行交互，查询相关物料的库存状态，在接收到EPR的查询请求后WMS随即进行响应，与PDM、MES进行交互，识别出反映用户需求的信息，并在相关规则的指导下生成采购订单和生产订单。随后，所生成的订单信息被系统同步至生产、仓储、采购等各个子模块，各模块根据订单上的需求及时进行指令下达与执行，实现用户需求物料的匹配、定位与出库调拨。此外，ERP通过与WMS子系统的信息交互，进一步获取产品生产过程中的关键信息，对原料、半成品、成品等进行精准化管理，实现整个产品制造过程的全面监管。当产品在生产过程中出现问题时，系统能够迅速通过对相关信息的分析准确定位问题源头，并及时进行响应，进行有效干预，从而确保产品生产的安全稳定。

最后，系统接收到用户需求物料的就位信息后，WMS将指令下达给WCS，至此，整个物料管理流程结束，实现了系统管理对车间产品生产全过程的覆盖。智能仓储系统数据流如图6-11所示。

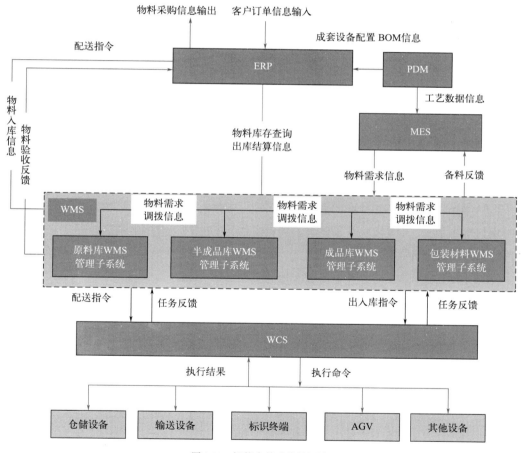

图6-11　智能仓储系统数据流

（1）ERP系统

ERP数据交互集成主要包括以下4个关键环节：

① 物料入库。此过程的关键在于各类信息的整合与检验，具体涉及的信息有物料

差距入库申请等行为发起信息、入库物料编码和物料数量等统计管理信息以及验收信息等验证检验信息。

② 物料出库。主要包含两个方面：一是物料库之间的交互行为，如两个物料库间的物料调拨；二是服务于生产的物料出库，包括从各生产线工单中提取出的物料消耗情况、生产物料的结算信息。

③ 物料仓储。即物料处于在库状态时其仓位、数量、编码等常规库存信息。

④ 产品出库。即产品出库时出库物料数量与工单信息的核算、出库物料的数量等相关结算信息。

（2）PDM系统

PDM数据交互集成主要包括以下四个关键环节：

① 物料采购。即根据客户订单需求确定待采购物料的种类和数量，同时通过对供应商数据分析制定最优采购方案，控制采购成本。此环节中客户订单需求的数据主要由ERP系统提供。

② 物料入库。该过程的核心是对"物料验收规范"文件进行核验，同时提取其中的关键标准信息，并将文件中的相关内容进行同步，作为后续物料验收环节的依据。

③ 物料标识建立。是实现物料数字化管理的关键，这一过程应在"物料料号"规范的指导下进行，通过录入与同步物料标签上的信息，确保后续物料标识管理的准确高效。

④ 物料出库与配送。关键在于确保实际出库物料与用户需求相吻合，此过程应核验物料清单数据、"物料配送字典"等关键文件，同时对文件中的物料出库信息进行提取，同步至系统内其他关联模块。

（3）MES

MES数据交互集成主要包括以下四个关键环节：

① 物料齐套性查询。进一步对物料进行检验，确保实际流动物料的种类、数量、规格等与工单物料要求一致，确保物料调度过程的精准、高效。

② 备料信息。确保实际调度物料信息与工单需求一致后，进一步将工单需求信息同步至其他模块，提醒相关模块做好接收准备。

③ 生产要素齐套性检查。通过EPR系统对企业生产过程中所需要的物料数量、类型、规格等进行检查，确保与实际生产过程中的要求相匹配，保证企业生产的顺利进行。

④ 生产流程。结合生产过程中物料的实时消耗情况进行物料提供服务，同步已消耗物料的数量、种类，当收到要料呼叫时及时对物料进行调度，进行补料，保证生产的连续性。

（4）WMS

WMS主要由"原材库WMS管理子系统""半成品库WMS管理子系统""包装材料

库WMS管理子系统""成品库WMS管理子系统"四部分组成，各个子系统之间进行数据交互时应注意以下两方面的问题：

① 库间物料调拨。当收到仓库间进行物料调拨的指令时，对调拨清单上相应的物料进行跟踪，及时接收其出入库的集合信息。

② 回退物料。当接收到来自其他环节的物料质量问题信息、包装材料信息及多余物料信息时，配合其他模块对这些无法使用的物料进行回退入库处理，提取这些物料信息并记录与存档。

WMS与WCS在入库、出库等流程中执行数据交互操作应注意以下3点：

① 入库流程。接收入库指令并在规定时间内对其进行响应，获取入库物料的编号、数量等信息，及时录入。

② 出库流程。接收出库指令并在规定时间内对其进行响应，对出库物料的编号、数量等信息进行核验，及时录入出库信息。

③ WCS执行出入库指令，并及时记录执行的状态信息，将其反馈至相关模块。

WCS是WMS与物流设备之间的枢纽功能系统，其主要工作内容是辅助WMS与物流设备之间对接，使上层指令能够迅速被设备理解并执行，提高整个系统的工作效率。一方面，WCS面向处于指令执行层的基础设备，如码垛机、穿梭车等，具备通过驱动部件实现产线的正常运行的能力。另一方面，其在消息与任务引擎的支撑下对来自WMS的指令进行解析，并制订相应的执行设备调度方案，随后将方案数据传输至特定设备处，使设备能够更为高效地完成任务。

WCS在对接上层系统与统筹下层系统方面分别具有不同的特性：在对接上层系统方面，其信息导向的特性能够迅速捕捉相关指令，并对指令中的信息进行处理、提取与识别，将复杂的指令信息进行分解，转变为更为简单的形式，为分布控制做准备；在统筹下层系统方面，其多段控制、全面监控、集成化管理的特性能够更好地统领执行层的设备，结合设备工作状态制订相应的任务执行方案，确保系统运行的持续稳定，实现物料管理全流程的高效作业。此外，为了让系统更便于操作，减少设备问题对整体系统运行的影响，WCS还提供故障警示、点对点操作等服务。

6.2.4　智能仓储系统的实现路径

面向智能制造的智能仓储系统主要可以从以下几方面实施。

（1）构建一体化解析标识体系，实现全流程物料管控

标识管理是智能仓储系统建设的重要支撑，是实现仓库管理高效运作的保障条件。标识管理的实现依赖于高效、灵敏的标识识别体系，只有具备了对物料和产品标识进行

解析的能力，才能进一步实现对仓储物流各个环节中的要素进行监管与信息同步，保障各流通配送环节之间信息交流的畅通高效。

此外，应充分重视RFID电子标签或条形码标识对实现仓储数字化管理、实现万物互联的支撑作用，发挥物流标识的要素信息载体作用，以快捷、高效、简单的标识识别与信息智能同步代替以往的人工信息读取、录入与统计，更好地对库存信息进行统计，并为物料的追溯与查询创造条件。

（2）建立数字化运维系统，实现精益化作业操作

"一物一码"全覆盖的数字化运维系统能够精准、快速地对物料进行快速出入库操作，借助智能识别系统和仓储数据库，能够快速定位商品库位和存量，以实时无线通信协议实现机器人群组的智能运行控制，快速、准确地把货物运送到指定的货筐，实现人到货、货到人两种高效的分拣方式。

软件管理模块具有强大的数据处理能力，能够通过对各种数据信息的归类、整合、同步更好地释放数据在物料盘点方面的价值，降低物料盘点的误差。此外，软件管理模块还能够进一步与生产和配送系统进行交互，根据同步的需求信息运行响应程序，驱动执行层设备进行相关物料的配送，提高物料管理与配送过程的灵活性，减少物料堆积，提高生产的精细化程度。

（3）打造产线协同集成平台，实现全链条库存控制

生产、仓储、采购环节之间存在的数据壁垒在相应系统的彼此配合下被打通，从而扩大了仓储管理环节中数据的流通范围，提升了流通效能。因此，应以数据作为重要切入点，推进仓储管理过程中的产线协同。一方面，应聚焦于生产过程本身，借助智能化技术实现对各个子环节的定向监管，及时对相应的物料信息进行同步和执行，保证生产环节中的物料供给；另一方面，应聚焦于整个产业链条，注重链条上、中、下环节之间的配合，从全链条的角度对物料进行统筹，实现相关环节之间的物料一体化配送，使整个生产线能够平稳、顺畅运行。

（4）建立智能决策中枢，促进仓储全面降本增效

智能决策是体现仓储管理"智能化"的关键环节，能够有效提升仓储管理过程中决策的科学性和有效性。在传统仓储管理中，决策主要依靠人对于数据的主观经验和判断，存在较大片面性，甚至会出现失误，给企业发展带来风险。

而智能仓储系统则能够改变这种情况，运用数字化技术，智能仓储系统能够分析物料流动信息（入库频率、出入库时间、重量等），更好地洞察市场需求变化，同时从整体上对仓储作业能力进行评估，更好地汇聚和整合整个系统内的信息，以便完成动态规划库位、订单分配、多批次物料管理等工作，辅助进行库存管理决策，实现管理优化，提升资源利用率，减少时间和资源浪费，推动仓储管理与产品生产、销售环节的高效联动，提升企业运行质量，降低管理成本。

就目前趋势来看，随着物联网、仓储机器人、无人机等新技术应用程度的加深，智能仓储成为智能制造行业发展的先导，将为其发展提供强大支撑。未来几年内，智能仓储技术将能够实现对货物进出数量的精确感知与统计，实现货物状态追踪的全覆盖，物料移库、物料调拨等以往较为烦琐的工作将在机器人与数字技术的加持下由底层物流设备有序完成，实物库存情况的可视化程度将进一步提升，智能仓储系统也将迎来发展的黄金期。

6.3　基于AGV的物流系统设计与开发

6.3.1　AGV物流系统基本结构

世界上第一台自动导引车（automatic guided vehicle，AGV）诞生于1953年，这是一种主要以自动化物流作为应用场景的智能搬运机器人，它主要通过电池提供动力，且为了避免在作业过程中发生碰撞，往往配备电磁、光学等自动导航装置，能够自主地根据需要规划搬运路线，精准定位搬运目标位置。在计算机系统的控制下，AGV能够实现无人驾驶和独立作业，而且随着物流自动化的进程不断推进，AGV在相关建设中将发挥越来越重要的作用。

近年来，随着产业数字化改革的不断推进，国内自动化立体仓库与自动化柔性装配线得到了较快的发展，并开始在各类制造业中获得广泛应用。其中，AGV成为实现高效自动化的重要助推器，显现出了传统滚道和传送带不可比拟的优势。AGV具有施工方便、机动性强、路径灵活、易于调整、空间占用少等优点，能够很好地承担起自动仓库与生产车间之间、各输送线之间、工位与工位之间高强度、高频率的运输工作，大大提升了工厂运行的效率。

AGV系统由导航系统、车载控制系统、车体系统、行走系统、移载系统、安全与辅助系统、控制台、通信系统等组成。

（1）AGV导航系统

AGV导航系统的功能是保证AGV能够沿着预设的轨迹移动，并尽可能降低移动过程中出现的偏差。目前，在AGV中应用较多的导航技术有激光导航、惯性导航和视觉导航等。

① 激光导航：在车辆上安装激光传感器，传感器所发射的激光束在碰到障碍物后返回，传感器通过计算确定车辆的移动情况。这种导航方式的优点在于环境适应性较强，具有较高的精度且能灵活地进行路径规划，但同时激光传感器成本及其后续的运维

费用较高，增加了设备成本。

② 视觉导航：利用摄像头对环境中的特征点进行抓取，以其作为参照，随后通过图像处理算法对不同时间段内所抓取的环境特征点进行对比分析，从而确定车辆的实时位置与移动方向。这种方式相较于激光导航成本较低，实现难度小，但是此种导航方式需要在光照条件良好的情况下实施，同时要求摄像头具有较高的分辨率。

③ 惯性导航：通过IMU（inertial measurement unit，惯性测量单元）实时检测车辆的运动信息，获取车辆运动的加速度；通过陀螺仪测量物体的角速度，确定物体移动的方向。使用惯性导航不需要提前对环境条件进行严格的控制，同时能够实现实时导航。但其缺点在于在测量和计算过程中都会存在一定误差，持续测量过程中则可能出现误差积累，因此需要与其他传感器配合使用才能更好地发挥作用。

（2）车载控制系统

车载控制系统是AGV的运行中枢，主要由以下几部分组成：

① 计算机控制系统：一般采用单片机、PLC、工控机等，主要功能是对传感器收集的信息进行处理，随后结合车辆的实际情况与预设轨迹对车辆下达运动指令，确保车辆按照既定路线运行。

② 导航系统：根据导航原理的不同可以分为惯性导航、电磁导航、激光导航、磁条导航等不同的形式，一般由外接传感器和导航控制元件两部分组成，主要功能是收集车辆运动信息，确定车辆的位置和运动状态，帮助车辆沿正确路径行走。

③ 通信系统：主要采用无线电通信和光通信两种形式，实现AGV和控制台、AGV和移载设备之间的通信。由于控制台与AGV距离较远，为了保证通信的顺畅性所以选择不受障碍物影响的无线电通信；由于AGV与移载设备在日常工作中均处于运动状态，为了保证定位的精确性则采用精度更高的光通信。

④ 操作面板：主要用于AGV与运维人员的交互，其通过RS232接口与计算机相连，在AGV需要进行设备调试时为维护人员提供指令输入窗口与相关信息显示窗口。

⑤ 电机驱动器：主要功能是对电机的电流、电压和频率等参数进行调节，实现对电机的启动、制动等控制，由于AGV由蓄电池提供动力，所以AGV的动作元件一般采用直流伺服器、步进电动机和直流电动机等。

（3）车体系统

车体系统是实现AGV功能的物理载体，整体结构设计与电动车辆类似，主要由底盘、车架、外壳、控制器和负责安放蓄电池的安装架等组成。

（4）行走系统

主要通过轮毂间的相互配合实现高效、灵活的移动，主要由驱动轮、从动轮和转向机构成，不同的驱动轮数量所采用的驱动方式也有所差异，较为常见的有采取前轮转向和驱动的三轮，采取双轮驱动、差速转向或独立转向的四轮和六轮等。

（5）移载系统

主要用于执行具体的作业任务，常见的种类有机械手式、滚道式和叉车式，可以根据不同的任务与场地灵活地对移载系统进行选择。

（6）安全与辅助系统

主要功能是保证AGV在工作中的正常运行，避免系统故障时彼此之间发生碰撞或在行进过程中遇到移动障碍物而发生撞击，一般由安全保障和功能辅助两部分组成。其中安全保障部分包括障碍物识别装置、障碍物避让装置、防撞提示装置和紧急制动装置；功能辅助部分由自动充电装置、灯条与喇叭控制装置等构成。

（7）控制台

控制台的主要功能是处理主控计算机所下达的任务信息和AGV状态信息，一般选用普通的IBM-PC机，当外界环境条件较恶劣，对设备要求较高时，也可选用工业控制计算机。控制台通过计算机网络实现与主控计算机的通信，获取任务指令，随后通过无线电通信获取各个AGV的实时工作状况，在此基础上运用算法得到最佳任务分配方案，随后将指令下达给所涉及的AGV。AGV完成任务后将通过无线电向控制台发送任务反馈，随后移动至待命站等待下次任务。

各种硬件部分为AGV的任务执行和基本功能实现提供了物理条件，而要更好地发挥数字化和自动化优势，进一步对AGV工作进行统筹，在短时间内实现AGV的快速调度以及在任务执行过程中确保AGV之间不会出现碰撞或移动路线互占等情况，则需要通过软件系统更好地对AGV运行进行控制。由于在系统中不同的设备之间存在较大的属性差异，因而选择支持面向对象的C++编程语言，其能够充分根据不同设备的属性特点有针对性地编写相应的控制程序，从而实现精细化控制。同时，为了更好地满足AGV系统的实时性要求，提高通信和调度响应的速度，可以采取多线程模式进行编程，避免多个任务使用同一线程时出现功能模块相互干扰而导致系统整体运行被拖慢的情况。

（8）通信系统

通信系统是监控系统与AGV各部分子系统之间的信息交换枢纽。通信系统一方面接收监控系统的命令信息，对命令信息进行归类和匹配，发给相应的AGV子系统，使得监控系统的指令能够被执行；另一方面通信系统接收来自各子系统的信息，将任务的完成情况与各子系统的工作状态反馈至监控系统，以便监控系统更好地结合子系统的工作实际进行任务分配、系统管理和指令下达。

6.3.2 AGV智能仓储系统设计

以AGV为自动化支撑的智能仓储管理系统包括上位机系统、AGV、仓库终端装置和拣选工作站四个部分，能够实现入库接收、库存管理、传感监测、出库单生成与审核、出库备货、装车发货等仓储物流全过程的自动化。系统总体结构如图6-12所示。

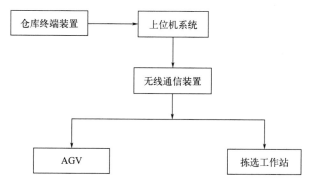

图6-12 系统总体结构图

仓库终端提供了仓库人员与智能仓储管理系统进行交互的平台，借助工业触摸屏，仓库管理人员能够下达作业指令，同时也能够了解各个智能设备的工作状况、运行状态等。仓库终端系统通过上位机获取工作站和AGV状态信息。

上位机系统通过无线通信装置实现与AGV和拣选工作站的实时通信，进行设备运行信息的迅速获取。同时，上位机系统会处理来自仓库终端的任务信息，对其进行解析，转化为设备控制中心能够理解的指令格式，再将作业指令发给对应区域的AGV和拣选工作站。此外，上位机系统还会对不同区域AGV和拣选工作站的作业模式、实时状态和警示信息进行汇集，分类打包后传回至终端装置，让仓库管理人员能够通过终端屏幕实时监测设备信息。

拣选工作站所连接的是接驳仓库人员和AGV，其中仓库人员负责货物的对应，AGV则负责货物的搬运。工作的方式主要有两种：一是仓库人员将货物放至对应工作站，AGV将工作站的货物搬运至货架；二是AGV从货架将货物搬运至工作站，工作人员进行货物的分拣。

（1）AGV控制系统设计

AGV的控制系统包括控制器、驱动器、电机、传感器和安全保护装置。其中，AGV控制系统以PLC（可编程逻辑控制器）为核心，能够在传感器的辅助下通过对外界环境信息的收集和处理自动识别运动路线，避开障碍物，其运动功能的实现主要依赖于驱动电机，如图6-13所示。

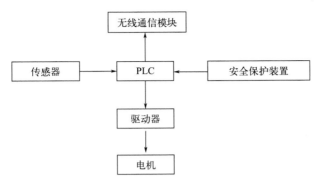

图6-13　基于PLC的AGV控制系统

借助无线通信模块，PLC能够实现与上位机系统的实时通信，借助摄像头等传感器，PLC能够快速获取外界环境信息，读取地面标识，同时将AGV的状态、所处位置上传至上位机，并接收来自上位机的作业指令，将任务执行后的反馈信息传递给上位机；同时，PLC向驱动器发出指令，根据作业任务的需要使电机按照不同的参数进行运转，使AGV做出变速、方向改变、定位等动作，从而让AGV能够执行系统调度、存货、取货等任务。

激光雷达是安全保护装置的主体部分，主要辅助安全保护装置探测AGV前进路径上的障碍物，确定障碍物的体积、运动情况以及与AGV的距离等信息，同时迅速完成信息的上传，以此信息作为控制系统的指令下达依据，及时帮助AGV采取避让措施。

（2）拣选工作站控制系统设计

拣选工作站的控制系统包括PLC、工业触摸屏、驱动装置、路由器、传感器和开关装置，具体如图6-14所示。

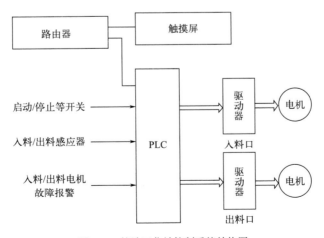

图6-14　拣选工作站控制系统结构图

工作站控制系统的工作流程：

① 入料：AGV小车将待出库的物料搬运至工作站入料口的滚动线首端，由传感器进行入料感应，随后将入料信号传输至PLC处，PLC对信息处理后向驱动电机下达指令，驱动电机运转带动入料电机使滚动线上的滚筒旋转，从而实现物料的移动，物料最终被移至滚动线末端。

② 出料：仓库管理人员将待入库物料置于出料口滚动线首端，传感器将信息传递至PLC处，随后PLC对信息进行处理，向驱动电机下达指令，电机运转带动滚筒旋转，将物料运送至出料滚动线末端。

③ 报警：当电机发生故障或物料出现错位时，相应的出错信息会被传至PLC处，PLC会立即发出指令使滚动线停止工作，同时发出警示信号，将错误信息向上反馈至上位机。

（3）上位机系统设计

上位机系统主要采用浏览器/服务器（browser/server，B/S）软件系统结构模式，其编程在VB6.0和MySQL数据库的基础上实现。上位机系统由仓储管理子系统、AGV调度子系统构成，其中仓储管理子系统主要负责与终端装置系统进行控制指令对接，AGV调度子系统则直接与AGV及工作站进行交互，仓储管理子系统通过AGV调度子系统将控制指令下达给AGV与工作站，如图6-15所示。

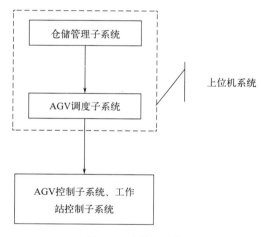

图6-15　上位机系统

仓储管理子系统的主要功能是处理各项仓储业务，对其进行整合与统筹，以提升仓储管理的效率，具体包括的仓储业务有物料入库、物料出库、物料盘点、可视化库位管理等。在进行管理过程中，系统根据物料的在库情况、物料的停放位置、订单备案等进行出入库任务的优先级排序和库位分配，并将具体的管理方案以任务信息的形式下发至AGV调度子系统。

AGV 调度子系统对 AGV 进行管理，具体包括提供场地建模信息、根据传感器收集的环境信息进行 AGV 的动态路线规划、实现 AGV 通信设备之间的对接、结合 AGV 的运行状态进行总体交通秩序维护等。AGV 调度子系统接收来自仓储管理子系统的指令并对其进行解析，迅速匹配到与指令条件相符合的 AGV，对 AGV 进行任务指引，同时收集 AGV 的运行状态及任务执行信息，向上反馈至仓储管理子系统处。出入库主程序流程图分别如图 6-16、图 6-17 所示。

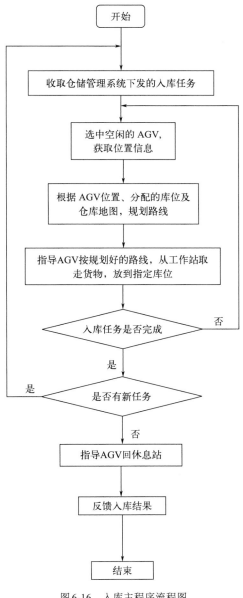

图 6-16　入库主程序流程图

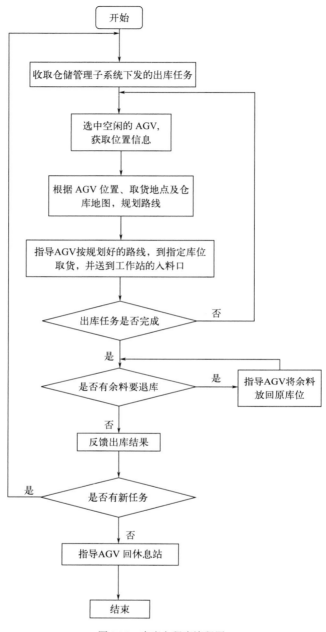

图6-17　出库主程序流程图

6.3.3　AGV调度控制系统设计

　　AGV调度控制系统包含管理层、执行层和监控层三个层面，具体的AGV调度控制
系统见图6-18。

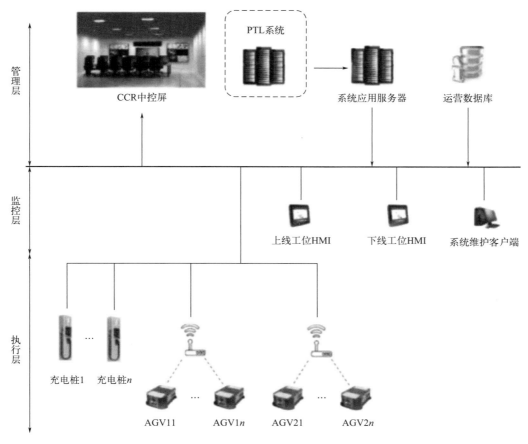

图6-18　AGV调度控制系统硬件架构图

（1）AGV调度控制系统功能开发

① 物料配送作业流程设计。AGV系统内的物料配送作业主要通过接收来自PTL（pick to light，亮灯拣选）系统的物料配送信息，对其进行解析后生成能够直接被AGV理解的配送任务指令，随后将指令发送至休息站内处于待命状态的AGV处，AGV接收任务信息后开始执行相应动作。

接受任务后，AGV通过读取调度系统预设的AGV地址值，离开待命点到达任务起始地标，按照指令执行相关动作，完成任务后来到任务终止地标，此时若经过交通管制地标，则需要暂停等待，若未经过交通管制地标则可直接通过。到达任务终止点后，AGV与随行料车车体分离，通过系统对车辆运行信息进行分析，判断其电量是否达到充电阈值，若达到充电阈值，则车辆开始自动充电；若未达到充电阈值，则车辆返回休息站待命，等待下一次任务。其配送作业流程如图6-19所示。

② 系统功能设计。AGV调度控制系统功能架构如图6-20所示。从系统功能角度来讲，不同的功能层承担着不同的任务。

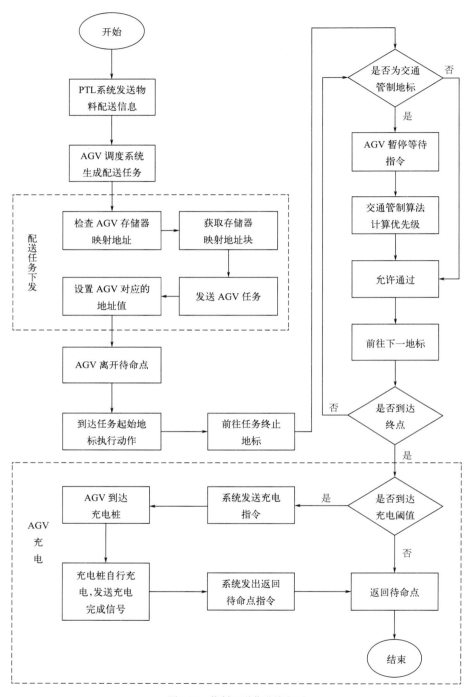

图6-19　物料配送作业流程图

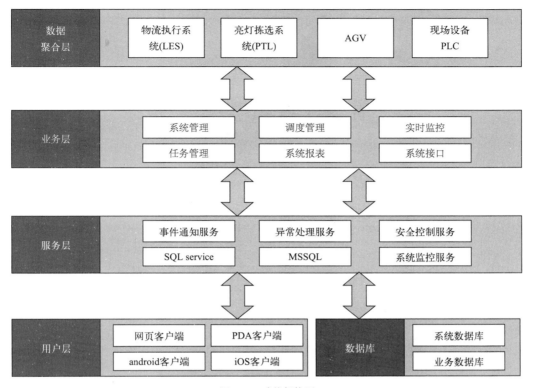

图 6-20　功能架构图

• 数据聚合层：主要功能是对数据进行汇聚和分类，贯通各个外围系统，汇总不同工厂的不同类别数据后将其转化为系统标准格式，并根据数据类型、数据级别设置不同的保护权限，方便各部门调取的同时保证数据安全。

• 业务层：主要功能是实现对基础业务的操作，以形成业务功能库，具体包括系统管理、任务管理、调度管理、系统报表等。

• 服务层：通过对不同的业务功能进行组合形成不同的服务，通过网络对用户层的需求进行响应，所包含的服务有事件通知服务、异常处理服务、安全控制服务等。

• 用户层：主要通过提供客户端实现用户需求的获取，与用户进行对接，其所提供的端口包括网页客户端、PDA 客户端、android 客户端和 iOS 客户端等，用户可根据自身的实际需要进行灵活选择。

③ 空箱回收作业流程设计。料车上的物料被全部装车后，用于装载物料的空料车被工人送至指定停放处，结合下线工位人机界面的具体情况，向调度系统发送回收作业指令，信息被调度系统接收后会将回收信号发送给对应的执行设备，设备根据指令对空箱进行回收处理，沿返回路径送至初始存放位置，实现循环调度。AGV 调度过程示意图如图 6-21 所示。

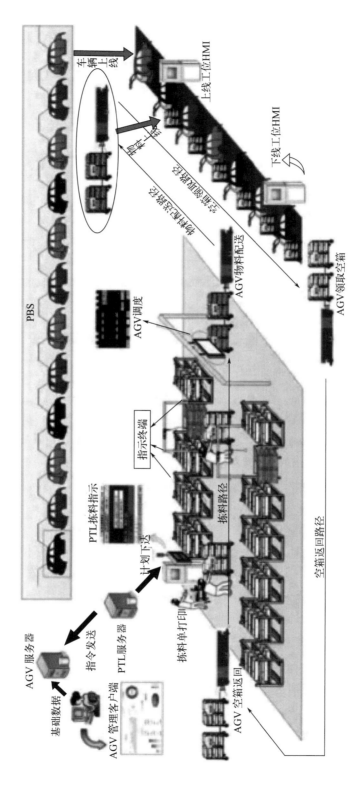

图 6-21　AGV 调度过程示意图

（2）AGV调度控制系统功能实现

① 系统管理。结合系统功能的设计逻辑和现场操作的实际情况进行分析，AGV调度控制系统的具体功能包括AGV的调度管理、对PLC任务进行统筹、对设备运行状态进行实时监控、生成系统数据报表、进行系统管理以及提供系统接口等。其中，系统管理可进一步细化为用户管理、操作日志管理和权限设置管理三部分。

② 基础数据管理。对自动化智能仓储系统运行产生的基础数据进行管理，具体包括AGV的运行状态信息、位置信息、物料运输路径信息、动作执行信息等，通过对这些数据进行收集、分析和处理，为具体的位置信息管理界面提供服务。

③ 调度管理。调度管理模块是AGV调度控制系统的核心模块，其主要功能包括进行AGV运行路径计算、接收来自控制系统的调度信息和作业信息、根据任务指令确定执行动作的AGV、进行AGV的运动控制、结合AGV整体运行情况维持交通秩序和进行交通管制、实现AGV的自动充电等。

其中，对作业信息的接收具体为接收触发AGV的相应作业指令，包括空箱回收、物料配送、进行AGV的自动充电等，其主要服务于具体的物料请求界面。

以AGV空箱回收信息的接收为例，当相关的任务指令被传输至任务管理系统后，任务管理系统按照指令要求确定此次任务执行所需要的AGV数量、具体行进路径等详细信息，随后根据AGV实际状态信息选取处于空闲中的AGV进行指令下达，若所有AGV均处于工作状态，则需要进行任务排队，当出现空闲AGV时进行任务的二次派发。

同时，在系统接收到对AGV所下达的作业任务后，通过定位任务的起始地址与结束地址，结合基础数据中的射频站点号对作业路径进行自动计算。当一项作业任务完成后，AGV需要将任务完成的具体情况上报给调度管理系统，同时更新AGV的状态，将其由工作状态变更为空闲状态。

④ 实时监控。实时监控功能贯穿自动化仓储物流系统工作的多个环节，是自动化功能实现的重要支撑，其对应的环节具体包括AGV调度总览、AGV状态监视、作业情况监控等。由于不同的作业环节所涉及的系统级别、设备种类有所不同，实时监控系统具有多线处理功能，对不同环节中的监控要求进行针对性满足，以此实现了AGV设备运行状况、物料配送进度等不同生产作业场景的实时呈现。

此外，通过实时监控系统，用户能够实时查看每一台AGV的行进轨迹、设备状态、能耗情况、移动速度等数据，从而实现对AGV的精细化管理，更好地结合实际需要对其进行调用，为柔性作业提供了条件。

6.3.4　AGV货物智能分拣系统设计

随着物联网和数字化技术与传统制造业融合程度的加深，智能化程度成为衡量现代物流仓库建设情况的重要指标。传统的叉车工具已经逐渐难以满足智能化的要求，因而正逐渐被能够实现货物的自动识别、分拣和装卸功能的AGV所取代。但值得注意的是，当前AGV的相关技术尚未完全成熟，仍旧存在货物识别错误率高、路径自动规划耗时过长等问题，针对这些问题，下文介绍了一种以互联网为基础的AGV货物智能分拣系统，能够有效改变AGV在实际应用中面临的尴尬局面，具有较大的研究价值。

（1）系统总体方案设计

基于物联网的AGV货物智能分拣系统包括AGV货物识别子系统、AGV路径规划导航子系统以及AGV智能避障子系统三个部分，系统的总体设计方案如图6-22所示。

① AGV货物识别子系统：主要负责识别对象信息的获取和处理，在运行过程中，AGV货物识别子系统通过CCD图像特征提取功能对货物进行扫描，获取其标识上的二维码图像和整体轮廓图像，随后利用图形图像分析法获取货物的种类、编号、入库时间等信息，在掌握货物信息的基础上根据任务要求对货物进行分类。

② AGV路径规划导航子系统：主要负责获取AGV自身运动状态信息、当前位置信息以及目标位置信息，在短时间内快速完成车辆的最优移动路径规划。这一过程的实现需要在加速度计、陀螺仪传感器的配合下完成，完成路径规划后，通过微惯导技术引导车辆自主向目标位置前进。

③ AGV智能避障子系统：主要功能是确保AGV在行进过程中能够安全前进，避免与其他引导车或行走的工作人员相撞。该系统通过红外线和超声波传感器对车辆前进方向上的障碍物进行识别，当识别出障碍后通过模糊避障算法及时对车辆参数进行调整，避开障碍物。

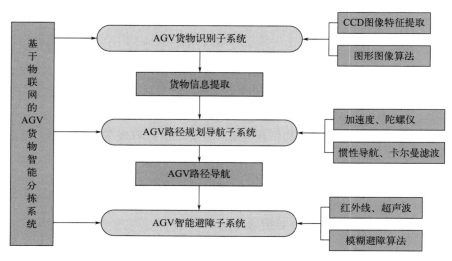

图6-22　系统总体设计方案

（2）系统硬件设计

AGV货物智能分拣系统的硬件部分包括电机驱动模块、STM32F4微控制器、货物识别模块、AGV导航模块以及AGV避障模块等。AGV智能分拣硬件架构如图6-23所示，微控制器将AGV的位置信息共享至控制中心，同时将智能分拣系统各硬件部分的信息进行同步，控制处理中心接收来自货物识别子系统、路径规划与导航子系统和避障子系统的信息，并对其进行分析处理，同时根据服务器的指令要求控制电机的转动方向与转动速度，通过执行相应动作完成货物的智能分拣。

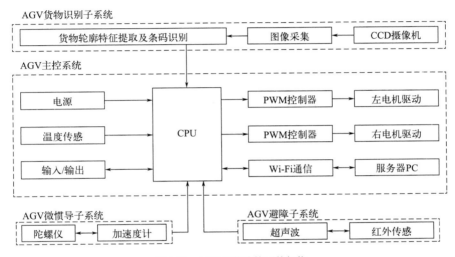

图6-23　AGV智能分拣硬件架构

① AGV货物识别模块。货物识别模块是AGV的核心，在传输速度方面，该模块使用OV7670（OmmiVision7670）图像传感器，通过SCCB总线，能够控制模块实现8位传输数据的输出，每秒最大传输量可达30帧，传输速度快；在传输质量方面，OmmiVision7670图像传感器能够对图案噪声、拖尾、浮散等要素进行固定，从而保证图像的稳定性，提高图像清晰度，传输的图像质量高；在能耗方面，该模块能够进行镜头失光补偿，640×480的高感光阵列下，仅需3.3V供电，且休眠状态下功耗低于1mW，在能耗方面表现优良。OV7670的原理图如图6-24所示。

② AGV导航模块。AGV导航模块通过在内部对霍尼韦尔HMC5883L磁阻传感器与运动处理传感MPU-6050进行功能集成，实现了动态环境下的高精度实时定位。其中HMC5883L对霍尼韦尔各向异性磁阻（AMR）技术进行了应用，作为灵敏度极高的弱磁，其在地球磁场下的罗盘航向精度能够达到2°以内，最大输出功率可达160Hz，运行平稳可靠；而MPU-6050则分别实现了角速度和加速度的三轴集成，在微惯导技术的配合下能够实现AGV位置与运动状态的自动获取。导航模块的原理图如图6-25所示。

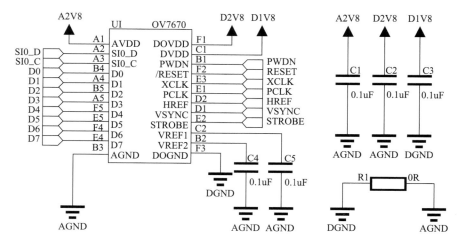

图6-24　OV7670传感器原理图

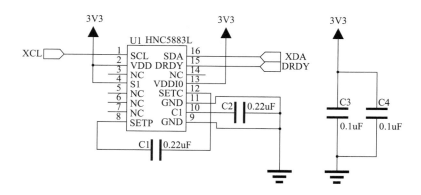

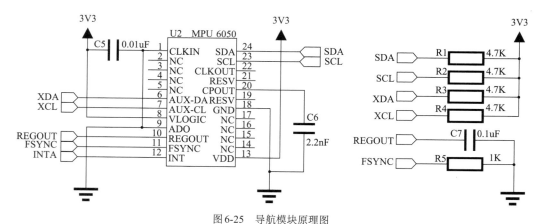

图6-25　导航模块原理图

③ AGV 避障模块。AGV 避障模块通过组合使用超声波传感器与红外传感器识别与检测 AGV 行进方向上的障碍物，这是因为红外传感器难以识别透明的障碍物，而超声波传感器则难以实现对表面较复杂物体的精确测量，组合使用能够实现两者的功能互补。当物体进入探测范围时，红外反射能量会发生变化，从而通过对变化量的计算实现测距，同时通过电位器实现对检测距离的调节，其检测距离的弹性空间为 2 ～ 30cm，红外传感器原理图如图 6-26 所示。超声波传感器则是通过 IO 口 TRIG 实现测距，当超声波传感器向前方发射信号时，从信号被障碍物反射传回开始，传感器通过 IO 口 ECHO 输出一个高电平，计算信号从发射到返回的时间，随后根据声速测距公式，测试距离 =［信号发射到返回时间（高电平持续时间）×声速（340m/s）］/2，超声波传感器的工作频率约为 40kHz，功率 75mW，其测量距离在 0.02 ～ 4m。

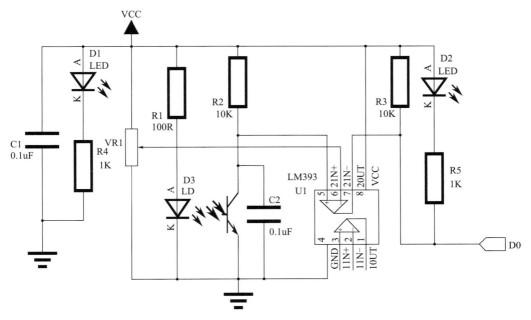

图 6-26　红外传感器原理图

（3）系统软件设计

AGV 货物智能分拣系统以分布式算法为支撑，实现多个 AGV 的统筹调配，能够同时控制不同的 AGV 进行作业协同，并通过智能控制技术提高对 AGV 的控制精确性，实现 AGV 智能货物识别、智能障碍物避让、导航路径自主规划等功能。

AGV 货物智能分拣系统的软件流程图如图 6-27 所示。处于空闲状态下的 AGV 在指定站点等待系统命令，在接收到指令后首先对指令进行分析，确定其类型，若是入库指令，则先对货物进行分类识别，做好货物聚类，随后根据入库单确定货物存放位置，自动规划路径将货物搬运至指定位置，随后向上级系统汇报此次任务的完成情况；若所收到的是出库指令，则迅速获取货物在货架上的位置信息，对货物执行出库操作，同时将出库的完成情况、货物的物流信息上报给系统。

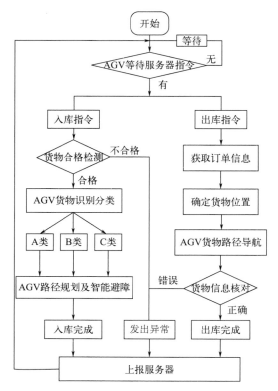

图 6-27　AGV 货物智能分拣系统的软件流程图

① AGV 货物识别软件设计。AGV 货物识别是通过图像识别技术和机器学习方法实现的。首先对仓库中已有的货物条码和货物轮廓特征进行采集，录入货物特征样本库，作为货物识别过程中的依据；随后，对待识别的货物进行图像采集，此步骤主要通过 CCD 摄像机实现，通过扫描货物的条码信息提取货物的特征；然后，通过分类器和决策树分别进行样本的分类与货物的匹配，实现短时间内货物条码的精确识别。货物识别的软件设计流程图如图 6-28 所示。

② AGV 导航软件设计。微惯导技术是获取 AGV 导航系统动态位置信息与运动状态信息的关键，该技术通过加速度计和陀螺仪实现 AGV 的角速度和线性加速度的测量。在进行导航时，传统的平台导航坐标系往往需要手动构建三维坐标系，因此在效率和精度方面表现欠佳，而微惯导技术则通过物体角速度和加速度的计算进行坐标系的构建，在计算出物体的加速度后，通过积分获取物体的运动速度，随后经过变换矩阵计算将 AGV 机体系转换到导航系的变换矩阵下，最终得到 AGV 导航坐标系下的位置。惯性导航的流程图如图 6-29 所示。

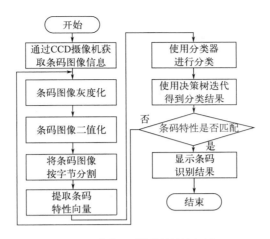

图6-28　货物识别软件设计流程图

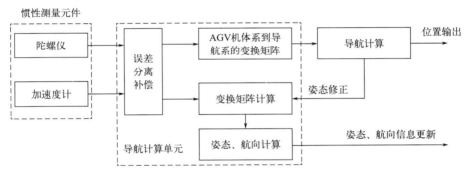

图6-29　惯性导航的流程图

③ AGV避障软件设计。AGV避障系统主要采用模糊避障算法实现障碍物避让。模糊避障算法是一种非线性控制算法，具体来说，其在对当前环境实时位置信息进行模糊计算推理的基础上，借助红外传感器和超声波传感器的相互配合实现障碍物测距，随后将融合处理后的传感信息传输至模糊控制器处，在既定规则库所搭建的规则框架下，通过模糊化、模糊推理和去模糊化处理，最终获取AGV的运行速度与转向角。AGV避障软件设计流程如图6-30所示。

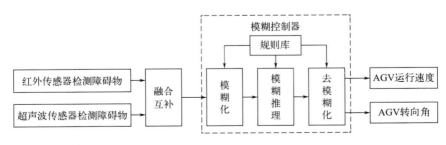

图6-30　AGV避障软件设计流程

第 7 章

智能产线的行业实践

7.1 汽车行业：智能生产线改造实践

7.1.1 汽车制造领域的主要装备

纵观全球汽车市场，品牌之间的竞争日益激烈，汽车厂商想要获得竞争优势必须提高生产效率、改进生产质量。与此同时，新兴技术的发展为汽车生产线的改造奠定了良好的基础。通过在汽车生产线中进行技术创新，能够实现汽车生产全流程的实时化呈现，便于工作人员及时发现生产中的问题，减少因失误带来的损失。

汽车的整车生产所涉及的流程较为复杂，包括冲压、焊装、涂装、总装等，传统的汽车生产线存在生产周期较长、生产能耗较高等问题，限制了汽车生产效率的提高。为了改善这种情况，实现自动化、智能化生产，需要对传统汽车生产线进行改造。

具体来说，在汽车智能制造领域，常见的制造装备主要包括以下几种。

（1）智能机器人

对于汽车行业来说，机器人已经不算是新鲜事物，在冲压、焊装、涂装、物流等多个制造环节中都有着广泛的应用。智能化技术的发展催生出了智能程度更高的机器人，其功能不再限于加工制造，还可以做到诊断故障并发出预警，评估工作质量并进行分析。

（2）智能压机

压机是压塑成形设备，需要与模具结合共同发挥作用，在汽车制造中用于汽车板件的冲压。采用了智能化技术的压机在感知能力和自我调节能力方面都得到了加强，使用智能压机制造的冲压件拥有更加稳定的质量。

（3）智能焊接站

在汽车生产过程中，车身制造这一步骤由机器人来完成，已经基本实现了自动化焊接。接下来应着眼于建立智能焊接站，推动实现智能焊接。焊接站的组成部分包括机器人、夹具、零件，借助智能化手段，可以对各组成部分的状态进行更加准确的感知，由此，机器人能够以更高的流畅度完成包括取件、焊接、检测、放件各个环节在内的整个过程，并且对结果做出准确判断。

（4）智能激光加工设备

激光加工这种材料加工方式能够实现较高的加工精度和加工效率，如今激光设备的技术和性价比有了较为明显的提升，各种激光设备用于汽车的生产制造过程中的多个环节，包括加工、焊接、切割、检测等。接下来，激光设备将朝着智能化的方向实现技术的跃进。

（5）智能转运站

汽车生产制造过程中需要进行零件转运，运用智能化技术建立智能转运站，由此零件识别、转运、入库/出库、形成统计报表等环节都可以实现自动化，运送的及时性和准确性将有较大幅度的提高。

（6）智能打磨站

汽车生产制造过程中要用到一个打磨站，对冲压件、白车身、油漆车等进行打磨。运用更加先进的仿生机器人技术，提升打磨站的技术水平，获得更高的打磨效率和质量。

（7）智能喷漆站

建立智能喷漆站，更有效地保证漆膜厚度符合要求，更好地控制漆雾的方向性，对油漆实现更加高效的利用。

（8）智能加工中心

数控加工中心负责汽车机械件的制造，采用智能化技术，建立智能加工中心，构建包含加工、检测、动态补偿在内的高效闭环，使零件加工的质量变得更加稳定，让加工精度保持在较高的水平。

（9）智能装配站

智能装配站在不同的产线上发挥不同的作用。在焊装线上，可以自动装配车身的四个车门以及引擎盖、行李厢盖，并检测四门二盖的间隙；在总装线上，能够以全自动的方式安装多种大总成件，包括前景天窗、仪表板总成、车轮总成、车门密封条等。产品和工艺设计的共同推进将扩大智能装配站的应用范围。

（10）智能液体加注站

一辆汽车至少要加注6种液体，制动管路系统、空调管路系统、动力总成管路系统等对密封性的要求较高，需要进行密封性检测。液体的检测及加注有三合一、四合一、五合一等多种方式，围绕不同的方式建立相应的智能液体加注站，提升加注的智能化程度，使密封性检测的结果更加准确，更加精确地对加注量实施控制，此外还能实现数据处理、防错识别、趋势分析预警等功能。智能加注站还能够与总装线的信息系统之间建立连接，实现信息的互联互通。

（11）智能涂胶站

涂胶站使用机器人进行涂胶和零件装配，运用智能化技术，建立智能涂胶站，以自动化和智能化的方式检测胶型、校正涂胶轨迹、控制胶量，有助于节省成本。

（12）智能拧紧工作站

在汽车的生产制造过程中，螺栓的拧紧是一道关键的工序，为此建立智能拧紧工作站。智能拧紧工作站使用机器人参与拧紧工作，除实现自动拧紧之外，还能有效地保障拧紧质量，对拧紧数据进行分析、校正，并做出自适应调整。智能拧紧工作站拥有工作效率和质量上的优势，因此被用于更多关键环节和部件的螺栓拧紧工作，包括动力电池、动力总成、后桥等底盘件。

（13）智能检测站

汽车生产制造过程中的许多检测环节对于检测质量有着较高的要求，包括白车身3D激光检测、油漆车身综合检测、整车间隙面差检测等，因此建立拥有较高性能的智能检测站是很有必要的。智能检测站可以做到自动检测和数据分析，基于大数据模型做出趋势预测，并针对可能出现的错误和偏差发出预警，生产制造环节将根据预警内容及时做出修正。

7.1.2 汽车制造装备的主要特征

近年来，智能制造技术呈现出迅速发展的态势，主要体现在智能装备的研发和应用上。智能装备对汽车行业的发展起到了重要的推动作用，提高了汽车制造的智能化程度，在生产效率、产品质量、劳动环境等多个方面产生了积极影响。

在汽车行业中，智能制造达到了怎样的水平，取决于智能装备发展到了什么样的高度。提高智能制造的发展水平，需要加大智能装备的研发力度，同时综合运用工业互联网和大数据。智能装备包括智能制造设备、智能测控设备、智能输送设备三类。用于汽车制造的智能装备属于智能制造设备，需要具备感知、分析、推理、决策以及控制功能。汽车制造智能装备运用了人工智能技术、信息化网络传输及处理技术等多种先进技术，推动制造业沿着智能化、数字化、网络化的方向迈进。汽车制造智能装备的特征体现在如图7-1所示的几个方面。

（1）高度自动化

自动化体现为制造过程的自动化，这里的自动化有着较为明确的导向性，可以适应制造对象、制造环境和用户要求。如对电控系统进行编程，在给出相应的指令后，加工工件的相关参数将自动得到补偿。

（2）高度信息化

借助物联网和5G实现互联互通，提高了信息的获取和利用效率。在对工件或车型做出识别后，将调取与之相对应的工艺参数和制造数据，并测量被识别对象本身的数据

图7-1　汽车制造智能装备的特征

及其所处环境的数据，整个过程都以自动化的方式进行，借助传感技术、软件技术、计算机技术等提高装备的智能化和信息化程度。

（3）高度柔性化

工装系统具有较强的柔性，工艺参数可通过编程进行调整，可适应不同车型加工制造的具体要求，形成不同的生产形式，包括独立加工中心和自动化生产线。

（4）大数据处理能力

结合数据和数学模型进行对比分析，实现自适应调整、自动预警、自动补偿和调整参数，提升制造的精确性和质量的稳定性。

（5）深度自学习能力

运用人工智能技术，基于数据开展深度学习，提升对生产环境和不同产品品类的适应性，获取到加工对象的准确信息，对偏差和缺陷做出及时纠正，防止错误产生的影响进一步扩大。

智能装备是智能制造的主要实现载体，是智能产线、智能工厂的基本单位。智能装备要用到多种部件和技术，包括芯片、传感器、自动化程序、机械装置等。前面我们介绍了智能装备所需要具备的几种特征，即高度自动化、高度信息化、高度柔性化、大数据处理能力、深度自学习能力。用于汽车制造的智能装备要适应这一行业的具体应用场景，通过实际的生产过程验证其能力，并根据生产需要做出改进和完善。

建设汽车智能制造体系，要从智能装备入手。在汽车生产线中引入智能装备，扩大智能装备的使用规模，采用工业互联网、人工智能等新技术，提升生产制造的数字化和信息化程度，推动汽车产业实现智能化转型。

7.1.3 焊装生产线的自动化改造

下面我们以某老牌汽车企业Y为例，对汽车生产线的智能化改造进行简单分析。

（1）焊装生产线现状

由于Y企业车间的投入使用时间较早，工作时间较长，已经难以满足现代化生产要求，需要尽快进行改造升级。具体来说，Y企业的焊装车间存在以下几方面的问题：

① 仍旧采用统一作业的刚性生产线，难以在生产过程中对各类生产要素进行控制，无法满足定制化生产、柔性生产的需要。各生产线并非同时建成，各台设备在规格上存在一定差异，未能形成整体性的产业布局，因此无法在目前车辆的生产过程中进行协同配合，实现最优资源调配，导致生产过程中的浪费严重，生产成本较高。

② 厂房空间不足，难以进行新车型的生产，厂房面积需要扩充，当前的厂房无法为新设备留出足够的空间，不能满足产线升级的需要，对Y企业经济效益的提升形成了较大的制约。

③ 自动化水平较低，传统厂房内的生产作业仍高度依赖人工，尚未将数字化控制技术、自动化生产技术大规模应用到生产当中。

对现有的生产线进行提质改造在解决Y企业发展困境和促进Y企业后续发展两方面都具有积极意义。首先，科技发展使汽车快速更新换代，而传统的生产线仅支持一些老旧车型的生产，导致Y企业产品的市场竞争力较差，且近年来劳务成本增加，旧生产线对人工的严重依赖产生了大量的用工成本，进一步制约了Y企业经济效益的提高，而通过生产线的改造，则能够有效地解决这一问题。其次，作为老牌知名企业，Y企业亟须新的产品进入市场，为企业经营提供后发动力，在Y企业已有的品牌优势配合下快速抢占市场，实现企业的价值创新，而生产线升级所带来的产品升级则完美满足了这一要求。因此，需要对企业的冲压生产线、焊装车间等进行全面改造升级。

（2）改造方向

根据Y企业焊装车间生产线所存在的问题，需要从以下几个方向对焊装车间进行自动化改造。

① 减小生产线的损失。工厂停工将会给企业带来较大的经济损失，因此在自动化改造中应尽可能避免这种情况，做好新、旧生产线之间的衔接工作，避免资金和时间的浪费。因此改造过程中要对规划的制定给予足够重视，通过多方调研确定合理可行的改造方案，确保自动化改造有章可循。在实际改造过程中，可以分批次、分种类、分时间段进行，按照难易程度、改造快慢对生产线进行分类分级，做好统筹安排。遵照"先拆后建，逐批替换"的路径，拆除旧生产线，安装新生产线。在新生产线进入稳定运行状

态前，改造工作将不会继续进行，确保生产线的运行不受影响。

②以技术手段提高生产质量。通过自适应等焊接技术的融入，能够有效减少焊接应力和焊接变形，避免焊缝开裂，同时能够对焊接过程中的各项参数进行记录，以实现对焊接的追溯，为工艺改进提供参考。实现涂胶过程的自动化，引入视觉检测技术，在这样的技术条件下可借助 CV（计算机视觉）、AI（人工智能）实施质量评估，以提升整体的生产品质，降低残次品的出现频率。对设备备件进行更新，扩大通用化部件的应用范围，可在一定程度上缓解备件的库存压力，增强备件耐用性，采用更加灵活的手段对备件库存实施管理，提高企业的资金周转率，有利于企业的健康运转。

（3）改造对策

①新建车间。考虑到原有车间的面积问题所带来的生产限制，在改造过程中需要增加车间面积，建造与现代化生产相适应的新厂房。为降低新旧厂房之间材料运输、物资迁移成本，需要使新厂址尽可能地与原厂址接近，应在改造前提前制定规划方案，结合投产计划确定新厂地址、新厂布局以及新厂基础设施安排，建设过程中加强守法意识，在法律允许的范围内行动。从 Y 企业的具体情况出发，新厂房的结构和屋面材料可分别选用门式钢架和岩棉夹芯板，出于安全考虑，依照相关规定进行各项参数的设定，包括水、电、气、消防等。厂房建成后，在实际使用的过程中可能需要进行调整，为此应事先留出一定空间以便于操作。另外，车间照明、排烟、消防通道是厂房设计中需重点关注的部分，设计时要兼顾便利、安全、环保。

②合理设置布局。

• 调整输送线路，提升其流畅性与通达性，提升物流效率，同时减少机器与设备的占地面积；

• 改善工件投入模式，以自动化传送和机器人搬运代替传统人工投入，提升工件投入效率；

• 科学升级生产线，以自动总拼夹具代替人工总拼夹具，保证夹具的精准对位；

• 优化设备，根据实际生产需要实现整体切换与自动切换，为柔性生产提供条件；

• 引入轻量高压力焊枪和小型高速机器人，对多种安装布局进行适应，增加每个工位内的焊接设备数量，实现生产的高效节能；

• 引入自诊断机器人，对设备进行实时监控，及时对可能影响生产的因素进行预警，避免故障停机的情况发生。

通过上述举措，能够有效地提升生产的达成率，实现涂胶自动化。

③革新工艺。生产自动化同时也对产品的生产工艺提出了更高的要求，因此工艺革新也是自动化改造的重要一环。传统的生产工具很难实现精准定位，因而会导致车身精度难以达到要求，影响车身质量。为了改善这种情况，需推动自动化改造，

通过引入相关设备，实现定位与搬运环节的一体化运行，改进焊装过程中的关键工序，实现涂胶、焊接的自动化，实时监测焊接全过程，保证焊接的品质符合要求。此外，传统生产线的切换台车普遍由人工负责，输送和定位时间较长，且对新产品的适应性较差，因此在对其进行改造的过程中使用了伺服切换技术，保证了白车身件的定位精度。

7.1.4 冲压生产线的自动化改造

（1）冲压生产线现状

Y企业的冲压生产线在10余年前建立，对于当前新时代的汽车生产而言，已逐步表现出技术落后、难以适应新生产需要等问题。

传统的冲压生产线需要在多个人员的协同操作之下运行，人工成本较高、完成任务周期较长，且由于长时间使用，设备老化严重。在冲压生产线建设初期，在当时的技术及企业规模条件下，要在可操作范围内最大限度地进行成本的控制，同时注重建设效率。冲压生产线生产设备包括双梁行车、配油压机、曲柄压力机、板材清洗机等。

随着使用时间的不断增加，设备老化、故障率高等问题逐渐开始对生产造成越来越大的影响，且由于信息化、自动化程度较低，更是难以支持新产品的生产。另外，生产特点使然，冲压生产线危险性较高，使用人工作业难免会在生产过程中因各种主观因素造成工作失误，导致安全事故。

此外，传统冲压生产线采用开放式设计，这也无形中增加了环境中的危险源，使冲压生产具有较多的安全隐患，在后续自动化改造中，要对这些问题予以充分重视，进行针对性解决。

（2）改造方向

对板材的加工是汽车生产的基础环节，该环节的加工质量与效率决定了后续生产环节是否顺利，因此冲压生产线是Y企业产业升级的重点改造对象。在改造过程中，除了需要进行自动化改造，还应该引进一些新技术对冲压生产线上设备的性能进行优化，使之能够更好地适应先进制造标准，满足定制化生产的需要，实现智能控制、自动生产。

一方面，减少生产线上的人工数量，降低人工成本，使用PLC系统、工业机器人、高速压力机等实现生产线的高效、精准控制，提升生产线的安全性，提高产品质量。为了更好地对生产线进行操作，还需要以人才为支撑，用好人才这一资源，引入一批兼具实践经验与多学科专业知识的综合型人才，并做好教育培训工作，推动人才质量的提升，更好地助力企业生产的自动化转型。

另一方面，沿着信息化、智能化方向进行生产设备更新，将推动自动化设备与监控系统及信息系统的一体化，对生产过程进行监测，收集生产过程产生的数据，实时更新生产信息，实现生产管理的智能化和透明化。

通过应用数字化、智能化技术，还进一步提高了生产现场的安全性，生产过程中的各种需求也能够得到更快的响应。本次自动化改造采取全封闭设计，此类设计隔音能力较好，能够更好地为人机交互、协同生产创造条件，且封闭式的环境内部构成更加简单，来自外界的干扰更少，这也为安全生产提供了保障。

（3）改造对策

① 突破瓶颈技术，提升工序稳定状态下保证产品质量的能力。基于多项生产信息绘制价值流图，包括每分钟冲次能力、工序平衡率等，据此推动技术的革新。引入性能更为出色的生产设备，使业务流程的运转变得更加顺畅和高效。制定明确的审核机制，对车辆表面状态、间隙配合以及安装件的拼缝等条目进行评定，及时识别并定位生产过程中的各项质量问题，持续提升工序能力。

② 建立智能生产控制中心，确保全生产环节的稳定高效。提升生产现场管理的精细化程度，通过各种智能设备对现场作业流程、产品质量、人员、设备等信息数据进行采集和分析，实现对生产过程的全面监管。运用算法实现对各类生产要素的精确管控，通过数据透明化推动管理规范化，打造智能化车间、数字化车间。

③ 积极推进快速换模（single minute exchange of die），外部操作与内部操作协同，提升换模效率，使换模流动更加顺畅。通过改造，换模作业能够实现准确定位，减少换模停车时间，提高 OEE（设备综合效率），降低产品报废率。

④ 增加安全技术投入，使设备运行更加稳定，在新技术的推广过程中做好数据分析与技术测试，组织专业人员对新技术进行评审，开展试点工作，推进新技术的应用。通过安全设施建设保障改造的安全性，安全设施包括安全护网、安全挂锁、自动感应装置、警示警报装置等。

⑤ 实现用能平衡，打造生产信息化协作平台，实现水、电、气数据的自动采集与上传。提供查询服务并自动生成可视化统计表，提供智慧生产方案参考。根据生产要求，在保证产品质量的前提下计算出最优能源消耗量，为生产提供指导。实时监测能源消耗情况，对生产中存在的能耗问题及时进行优化，实现对资源的高效利用。

⑥ 优化现场管理模式，参照《企业现场管理准则》国家标准，改进现行管理模式，使其符合自动化改造的需求。以人员、场地、物料为切入要素，对现场管理模式进行核算、统筹，进行逐一改进。优化设备管理、人员管理及生产布局模式。在管理层面，要综合显性与隐性两方面要素对生产现场进行分工、调度与评估。

7.1.5 生产线自动调度系统改造

在生产线自动调度系统的改造方面，将监控与数据采集系统（supervisory control and data acquisition, SCADA）与制造执行系统（manufacturing execution system, MES）结合起来，满足工作分解结构（work breakdown structure, WBS）的要求，更好地完成生产任务的统筹与再分工。其中，MES的功能包括制订生产计划与进行物资调度，保证物料平衡及物流畅通，生产过程监控，对质量、设备、能源绩效进行管理，等等。

（1）系统网络结构

系统的MES层以B/S（浏览器和服务器）架构为支撑，通过互联网，数据采集层在收集各个设备、车间的机器人系统、RFID系统和PLC体信息后进行数据流的传输，通过数据的通信协议完成各项数据的上传，构建现场生产控制信息网络。

（2）生产管理子系统

生产管理子系统所服务的对象包括企业管理层、生产计划、物流、车间等。

① 在管理层方面，通过生产管理子系统，能够实现生产流程的监控、调整产品生产过程中的参数，满足定制化生产的需要，支持订单计划追踪和自动生成报表；

② 在生产计划方面，能够实现生产的精益化，通过强大的数据收集与处理能力，能够对生产过程中的各项指标数据进行统计，自动生成报表，辅助管理者进行决策，完善生产方案；

③ 在物流方面，能够更好地对货物的物流状态进行跟踪监管，确定更加合理的物流路线，提升物流效率，减少物流环节产生的成本，并在缺料时发出预警；

④ 在车间方面，使用RFID技术能够实现车辆生产数据的快速传输，让车间调度员能够掌握车辆的生产情况，避免因为主观失误导致车辆装卸出现问题。

（3）车间MES

车间MES由生产管理、质量管理、绩效模块管理几部分组成，其子模块的功能包括产品品质管理、统计报表生成、生产计划管理、缺陷情况的处理以及生产作业指示。通过与SCADA系统进行数据传输，MES能够获得SCADA系统所采集的各项车间数据，包括材料使用情况、生产任务执行情况，从而实现对各个单元工作情况的监控，并不断根据这些数据完善生产方案，降低原料浪费，缩短车辆停机时间。同时，库区还增加了生产查询与生产报警功能。

（4）MES子系统数据接口

MES子系统的工作原理是通过数据缓冲区实现数据的交换，以此节省高速设备与低速设备之间进行数据交换的时间，避免外部系统与内部系统直接进行数据交换所造成的等待时间过长问题及漏洞风险。缓冲区交换的数据内容包括生产任务、工艺流程、物料清单等，既能保证各个区域互不干扰，避免发生存储和传输混乱，又能够提升系统抵御风险的能力。此外，该系统配备了冗余OPC服务器，采用OPC UA的数据结构和服务，在系统发生故障时能够及时使用组件替代其工作，提升系统可靠性和稳定性。OPC通信数据涵盖生产状态数据、生产指导数据、生产视图数据等。

（5）SCADA 数据采集子系统

通过特定的控制设备，SCADA数据采集子系统能够实现总装车间、焊装车间、涂装车间的联网。联网后，系统能够可视化呈现车身存储、工艺运行、工位情况、车型信息等数据，提供生产过程中的各类信息。SCADA数据采集子系统中的冗余服务器和历史数据服务器是系统的核心部分，其支撑着闹钟服务（alarm server）、本地报表服务（report server）、读写服务（IO server）程序的运行，辅助生产过程中各项自动化控制的实现。

（6）RFID 车身跟踪子系统

RFID车身跟踪子系统主要通过RFID标签实现其功能，通过射频信号，RFID系统能够在短时间内迅速完成产品信息的加密传递，这种信息传递不需要直接接触，且能够承载的信息量大、所传输的距离较远，因此已在工业生产中得到了大量应用。通过RFID标签，车间调度人员能够获得产品编码、计划号、状态位置、订单号、车型编码等信息，从而实现对产品的全程监管。

通过自动化改造，Y企业完成了工艺规划的革新与总体布局的优化，生产流程的标准化基本实现，经济效益提高，社会关注度与号召力提升，显示出强劲生命力，也展现出了自动化带给企业发展的巨大推力。

7.2　航天行业：飞机脉动总装智能生产线

7.2.1　脉动总装智能生产线架构

制造业通过融合智能机器和计算机模拟制造业的智能活动的方式大力发展智能制造技术，将智能制造技术应用于制造企业的经营运作过程，能够更好地实现柔性经营运作，并推动经营运作沿着集成化的方向发展。现阶段智能制造的特征可归结为状态感知、实时分析、自主决策和精准执行。为了推动制造业快速发展，世界各国也针对智能制造陆续推出相应的工业战略规划，例如，美国于2012年将工业互联网上升为国家战略，德国于2013年提出工业4.0战略，我国也在2015年印发《中国制造2025》，全面落实制造强国战略。不仅如此，飞机智能制造技术也快速发展，航空航天行业在零件制造、工装设计和故障诊断等方面也获得了一定的研究成果。

在整个飞机装配流程中，总装是最后一个环节，在这个环节需要完成多项复杂的、对精度要求较高的专业性工作，比如对接和装配大部件、安装机载设备并进行调试等。飞机的研制周期也会受到装配质量和装配效率的影响。

近年来，飞机制造企业正在推动制造模式向精益化、智能化的方向转型升级，移动式装配逐渐成为各个航空制造企业的主要发展方向，例如，波音、空客等先进航空航天制造公司已经配备了移动式装配生产线，并借助该生产线来提高生产装配效率，减少成本支出。

总装智能生产线中融合了多种先进技术，如物联网、大数据、云计算、计算机仿真等，且包含众多子系统，如总装过程建模与仿真优化系统、物料的智能配送系统、基于物联网的航空装备制造车间智能感知系统、智能生产管控系统、智能制造云服务平台等。具体来说，飞机脉动总装智能生产线架构如图7-2所示。

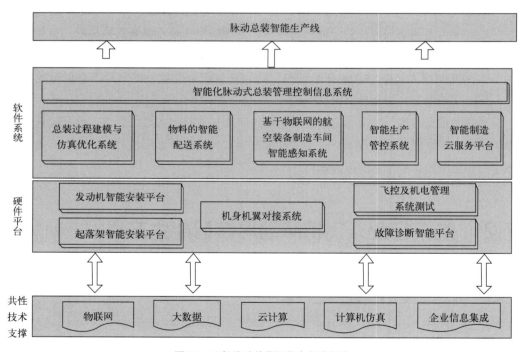

图7-2　飞机脉动总装智能生产线架构

从工艺流程上来看，脉动总装智能生产线可划分为5个站位，每个站位具有不同的作业需求，飞机制造企业需要针对作业需求展开适应性设计工作。具体如下：

第1站位：导管电缆安装，负责装配导管、电缆、操纵系统支座等。

第2站位：成附件部件安装，成附件部件包括燃油、电气等。

第 3 站位：大部件对接装配，大部件包括机翼、起落架等。

第 4 站位：初步调试，负责测量和测试工作，如搭接电阻测量、通电测试。

第 5 站位：总调试检查，负责系统调试、全机水平测量等。

在飞机脉动总装过程中，生产线不仅要明确站位和工艺内容，还要充分发挥 DELMIA 软件的作用，构建总装生产过程模型，提高车间、生产线以及业务流程在布局规划方面的科学性和合理性，以便优化调整脉动总装智能生产线总体布局。具体来说，脉动总装智能生产线平面布局如图 7-3 所示。

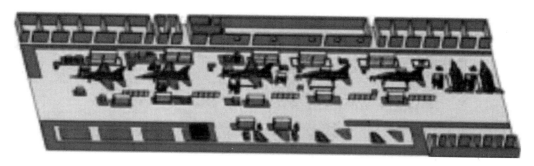

图 7-3　脉动总装智能生产线平面布局

7.2.2　脉动总装智能生产线关键技术

飞机脉动总装智能生产线有助于飞机制造企业全方位提高总装产品质量和装配效率。就目前来看，已经有许多飞机型号进入量产阶段。为了助力飞机生产制造企业实现低成本高效生产，我国还需进一步加大对飞机脉动总装智能生产线的研究力度，并将大部件数字化对接、数字化检测、精准移动、集成装配平台、物料精益配送等技术融入生产线当中，提高生产线的数字化程度。

（1）大部件数字化对接技术

大部件数字化对接技术能够利用各种数字化技术以自动化的方式完成飞机部件装配工作。自 20 世纪 80 年代起，数字化技术飞速发展，西方发达国家开始将基于数字化技术的自动对接技术应用到飞机制造领域当中，在生产制造过程中借助数字化测量、计算机控制等数字化技术自动对接各项飞机部件。在飞机研制方面，波音公司将各种数字化测量设备应用到对飞机部件的控制点和交点孔等部位的检测当中，为飞机部件对接提供方便。

在大部件对接环节，我国各大飞机制造企业采用自动化对接平台来提高对接的自动化程度，并广泛采集机身、机翼等不同部件的结构信息，以柔性多点支撑阵列形式完成不同结构的各个部件的对接工作，充分满足各项部件的工作要求。

（2）数字化检测技术

在飞机制造领域，数字化检测技术中融合了计算机控制、自动检测等多种先进技术，能够实现对飞机线缆、系统功能等多项内容的检测。波音、空客等国际先进飞机制造企业已经将模块化检测技术应用到飞机的系统装配和系统试验当中，能够在线检测航电、液压、动力、火控等各个系统以及飞机线缆，及时找出问题所在并进行隔离处理。在飞机总装生产过程中，我国的飞机制造企业在故障诊断、故障隔离和路线检查等方面存在许多不足之处，还需加大对全机在线检测、线缆和系统一体化在线检测等数字化技术的研究和应用力度，打造在线检测平台，提高飞机总装配的效率和数字化程度。

（3）精准移动技术

精准移动技术的应用能够为飞机脉动总装智能生产线中的物料配送提供方便。就目前来看，各个航空航天企业开发出了各种基于精准移动技术的移动设备，如飞机牵引车、七点运输系统、嵌入式轨道移动系统和AGV等，并将这些设备应用到飞机脉动总装智能生产线当中，进一步提高物料移动、物料装配、物料配送和路径规划的高效性和精准性。

从操作上来看，飞机脉动总装智能生产线需要针对实际工作内容选择相应的精准移动设备，具体来说，移动设备优化设计技术能够提高定位精度，基于精准移动技术的牵引设备具备移动定位和控制功能，能够精准定位，并控制飞机部件移动。以波音公司为例，在脉动式生产线中，可以使用飞机牵引车来拖动飞机，使用AGV来配送物料。

（4）集成装配平台技术

集成装配平台中集成了多种先进技术，如装配平台移动技术、集成装配平台优化设计技术、系统模块化集成技术等，且具有大负载、大尺寸和高集成等特点，能够大幅提高工装的多功能性，减少飞机脉动总装智能生产线上的工装数量，为生产线管理提供方便。在飞机脉动总装生产线中，为了确保系统运行、维护和操作的便捷，相关工作人员在对集成装配平台进行功能区划分时需要综合考虑各项相关因素，根据实际情况划分出集成模块的预置布局区、物料放置区、工装工具放置区、线路管路的铺设区和操作人员工作空间等多个区域。

（5）物料精益配送技术

物料精益配送技术的应用能够促进飞机制造商与飞机零件供应商之间的信息交互，提高物料出入库信息的公开性，让二者可以借助物料配送管理系统充分掌握生产计划、仓储信息、生产进度、在途信息等各项相关数据信息，以便进一步提高物料流转效率，确保物料配送的准时性，降低物流仓储成本，进而实现精益化生产。

7.2.3 智能生产线信息系统开发

在搭建飞机脉动总装智能生产线的过程中，航天领域的相关工作人员需要做好软件研发和硬件平台研制两项工作，并推动二者融合，提高装配物料供应链的协同性、总装的智能化程度和运行的敏捷性。

（1）企业资源计划系统

企业资源计划系统由众多具有不同功能的子系统组成，其总体架构如图7-4所示。具体来说，主要包含库存管理系统、物资采购管理系统、科研生产管控系统等子系统。库存管理系统负责对台账和出入库实施管理；物资采购管理系统的管理范围包括供应商、应付款，以及与采购相关的各项内容，包括采购计划、订单、价格、到货等；科研生产管理系统负责集成各项业务，对生产计划和生产过程实施管理，并在生产现场出现问题时及时进行处置。

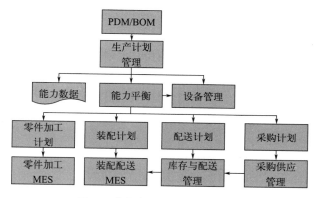

图7-4 企业资源计划系统总体架构

（2）生产智能管控系统

生产智能管控系统可以从实际科研生产任务出发，借助制造执行系统将各项部件、零件、组合件的制造计划分解到具体工序层面。从实际分解过程来看，生产智能管控系统需要按照从设备依次到班组、工段、车间、公司的顺序来对各项生产资源进行统筹分析，同时在智能感知系统的帮助下完成信息的收集和分析，以掌握实际的生产状态。生产智能管控系统还可利用MES落实各项交付管理工作，同时以智能化的方式对车间/分厂的产品制造活动进行灵活调度，并对生产进度、产品技术状态、生产计划和资源等进行管理和控制。

（3）物流智能管控系统

物流智能管控系统能够以数字化的方式对作业、搬运和盘点等物流输送工作进行管理和控制，并针对具体的时间要求对物流输送方案进行灵活调控，帮助飞机制造企业进一步优化完善物流信息管理工作。

上级系统将指令下发到物流智能管控系统，后者根据指令内容管理物流设备，完成物流任务。从任务处理方式上来看，一方面，系统可以独立完成各项不同类型的作业任务；另一方面，系统也可以接入其他系统，与各个软件系统互相协同，共同完成作业任务。

具体来说，物流智能管控系统需要先根据方向、工位、物流量等信息规划物流路线，再控制AGV进行自动化物料配送，同时还会将条码技术应用到工序交接当中，确保各项相关信息可以随着物料流转继续传递。最后，相关管理部门需要评估物流系统运行状况，最大限度地提高设备的利用率，并根据物流系统的实际运行情况进行决策，动态化管控物流和信息流，确保物流规划的合理性。

（4）总装生产线智能感知系统

总装生产线智能感知系统融合了多种物联网技术，如二维码、图像识别、无线传感等，能够为飞机制造企业采集、存储、查询、交换、分析和使用各项现场制造信息提供方便，同时也能够支持飞机制造企业据此构建相应模型，对整个航空产品制造过程进行实时监控和全面跟踪，帮助飞机制造企业获取完整、准确的现场制造信息。

从结构上看，总装生产线智能感知系统包含多个组成部分，主要有制造要素物联组网层、数据通信层、数据处理层、制造服务层和数据服务中心层。具体来说，基于物联网的航空装备制造车间智能感知系统架构如图7-5所示。

7.2.4　智能生产线硬件平台研制

（1）脉动式总装智能生产作业平台

智能生产作业平台既可以支持飞机制造企业的操作人员进行高空作业，也可以针对作业要求自主控制开合，确保飞机能够顺利出站和入站。具体来说，在飞机总装生产过程中，智能生产作业平台可以根据生产作业规划和现场实施作业进度等信息自动展开、关闭或移动，并与智能物料配送系统协同作用，共同将作业所需物品（物料、工具、设备等）运送到相应位置，进而以智能化的方式为飞机生产制造提供方便。

（2）发动机智能安装平台

发动机智能安装平台中配备了全向移动平台、剪刀叉升降系统、精密调姿系统和控制系统，既能够自由移动和转向，也能够灵活调整发动机顶升高度，对发动机进行初步定位，还能够针对发动机实现顶升、调姿、平移和旋转等诸多功能，进一步提高发动机定位精度，完成发动机对接和安装工作。具体来说，发动机智能安装平台设备组成如图7-6所示。

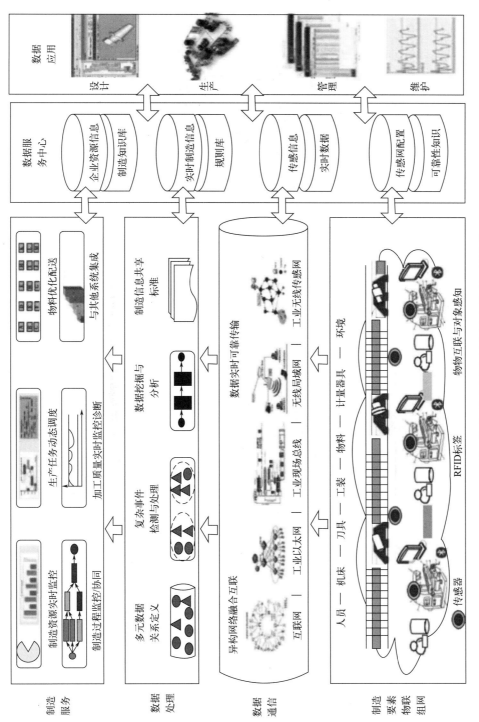

图 7-5　基于物联网的航空装备制造车间智能感知系统架构

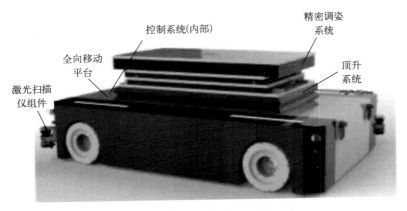

图7-6　发动机智能安装平台设备组成

（3）起落架智能安装平台

起落架智能安装平台中包含起落架安装车、专用托架、控制系统等多个组成部分，用于起落架的全向运输，并按照六个自由度调节起落架的姿态，这些操作通过人工遥控和目测来实现，作用是使起落架以更快的速度与机身完成对接。具体来说，起落架智能安装平台的设备组成如图7-7所示。

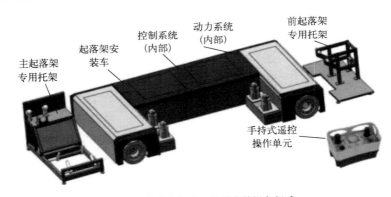

图7-7　起落架智能安装平台的设备组成

① 起落架安装车具备全向移动的功能，可进行柔性的调姿和定位，以极高的精度与预先准备好的专用托架对接，另外安装车还可完成起落架的转运、升降等操作。

② 主起落架和前起落架都配备了专用托架，其相当于起落架的固定器，可经由安装接口完成与安装车之间的对接，防止起落架在运输和安装时出现活动装配件撞到人或机体的情况，确保起落架运输和安装环节的安全性。

③ 控制系统可以对设备的任意一项动作进行控制，如移动、升降、调姿等。在控制系统中，手持式遥控操作单元为输入端，装配有遥感和按钮等控制部件，相关工作人员可以通过这些控制部件实现连续和点动两种操作，进而达到控制设备动作的目的。

（4）机身机翼对接平台

机身机翼对接平台的底盘是一个装配有3个调姿定位器的全向移动平台，能够向任意方向移动。从移动方式上来看，相关工作人员可以利用手持遥控器来控制机身机翼对接平台的连续移动或点动，其中，连续移动可以实现系统粗定位，点动可以在粗定位的基础上进一步提高定位的精准度。机身机翼对接平台所使用的调姿定位器为手持控制器，能够通过控制机翼升降、俯仰和翻滚来提高对接精度。

（5）飞控及机电管理测试系统及故障诊断智能平台

飞控及机电管理测试系统及故障诊断智能平台集成了飞控系统测试设备和机电管理系统测试设备，整合了参数测试和合格研判环节，大幅提高了研判环节的智能化程度和合格测试数据上传的实时性。能够以智能化的方式对飞行控制和机电管理等系统进行测试，有效简化测试参数处理过程和测试工序，为飞机制造行业的各项测试工作提供方便。

7.3 锻造行业：实现锻造智能化升级

7.3.1 锻造车间的智能系统应用

智能制造这一概念提出于20世纪80年代，自问世以来，便被各国政府、各大企业密切关注。随着21世纪人工智能等技术的发展，智能制造的地位进一步提升，被视为制造业变革转型的新方向，其影响遍布制造业的各个领域。

从战略层面出发，我国对智能制造给予了高度重视，《中国制造2025》提出"以加快新一代信息技术与制造业深度融合为主线，以推进智能制造为主攻方向"。智能制造是产业转型升级和制造业高质量发展的重要驱动力。

智能化将沿着柔性化和自动化的方向对制造业实施改造升级，增强制造系统的判断能力，使制造系统得以更好地适应不同的生产需求，提升资源利用效率。下面我们具体介绍锻造行业的智能化转型。

智能锻造车间的智能系统结构由四个层级组成，即自动化、无人化曲轴锻造生产线，智能化感知与在线检测设备，控制系统集成及网络架构，决策系统，如图7-8所示。

（1）自动化、无人化曲轴锻造生产线

生产线的物料传送都由多关节工业机器人负责，设计机器人的依据是生产线传输物料的过程以及整个锻造的流程特点，且遴选和配送物料的设备上均配置有数字化系统和

图7-8　锻造车间的智能系统结构图

监控装置。系统的关键智能部件包括自动上下料、工件姿态视觉识别、均衡化柔性生产等，可以在线检测锻造中的故障，并对故障进行智能处理。另外，还可以通过MES监控整个锻造流程，实现对成本与产能的统计、生产的速度与质量以及物流等的管理。数字化系统可实现多项功能，如自动上下料、均衡化柔性生产、检测并处理故障等。此外，MES可用于锻造过程的监测，实时掌握成本、产能等方面的情况，控制锻造质量，对物流实施有效的管理。

（2）锻造生产智能化感知与在线检测设备

这一层级包含智能视觉识别系统，在锻造全过程中，该系统负责对工件进行实时定位，定位数据经由MES到达工艺设计部门，为工艺改进和模具设计提供参考。终锻后需尽快进行锻件的测温工作，根据锻件温度选择对应的工艺通道，实施锻后热处理。此外，该层级还包括关键设备监测装置和模具测温装置，其中针对关键设备的具体监测内容有打击力、轧制力、输出能量。

（3）数字化锻造智能控制系统集成及网络架构

目前，数字化锻造智能控制系统集成及网络架构已经基本实现四个方面的功能。

① 在生产线上构建连接网络，使单机设备、感知元件、执行系统间形成连接，收集并重组信号，在可编程逻辑控制器的支持下运用智能技术做出决策，监控设备并对设备实施管理调度。

② 在生产设备间建立连接，在MES的协助下监测生产线的运行情况，将收集到的信息用图表等可视化手段呈现出来，使企业得以据此调整生产计划，控制生产成本。另外，高温锻件、高速运转的机器人等使锻造生产线存在一定安全隐患，所以数字化锻造智能控制系统集成及网络架构的作用还体现在保障生产线安全上。

③ 设置专门用于安全数据的通道，为智能控制系统提供更加有力的安全保障。

④ 借助远程诊断系统对生产线实施监控，查找并排除设备存在的故障。

（4）锻造生产专家决策系统

在工件成形的过程中，专家决策系统全程收集生产线上的信息。若MES的智能感应设备或在线测量设备获取的信息显示一些指标高于警戒值，专家决策系统会立即警告生产人员。如此一来，当生产线某一环节出现故障，生产人员能够迅速通过专家决策系统给出的意见进行维修，避免危险的发生。

7.3.2　锻造企业信息化转型路径

锻造企业追求对客户需求做出快速响应，获取更多的利润，降低库存资金，优化排产计划，实现成本可控，这对管理提出了一定的要求。为此技术、采购、生产、营销、财务等各项业务间应形成更加紧密的联系，实现资源和数据信息的交流共享。

为了达成企业目标，实施更有效的企业管理，锻造企业将构建信息化平台作为自己的重要任务。为此采用"总体规划、分步实施"的策略，信息平台建设将成为企业实现智能制造的关键一步，帮助企业实现转型升级，提高企业的整体竞争力。

（1）智能锻造信息系统平台建设

信息系统平台将推动企业内部管理走向全面信息化，智能锻造信息系统平台由多个应用系统组成，负责管理、设计、制造等多个领域，如图7-9所示。

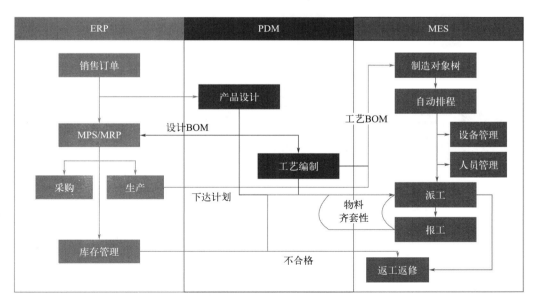

图7-9　智能锻造信息系统平台的组成

① ERP（企业资源计划）系统：在锻造企业中，这一系统负责集成管理物流与资金流，可以对多个环节和多项事务实施管理，包括订单、采购、库存、生产、设备、质

量、行政、人力资源、决策等。

② PDM（产品数据管理）系统：该系统负责对新技术的研发实施全面管理，构建完备的研发体系，经过完整的研发过程得到最终的研发成果，新技术研发体现的是企业的创新能力，掌握新技术的锻造企业能够更好地适应新的市场需求。

③ MES（制造执行系统）：负责对生产过程实施自动化监控，管理参与生产的设备和人员，能够实现在制品管理、质量监控、工序管理、工时统计等功能，此外该系统会用到立体仓库、数据采集条码系统等。

（2）锻造企业实现智能制造需求的变革

① 热模锻造生产线变革。借助PROFIBUS-DP总线，建立起全数字化的通信，形成分布式控制系统，如图7-10所示。分布式控制系统可同时传送过程变量、仪表标识符以及简单诊断信息，其提供的现场仪表以及多变量变送器是非常先进的，能够使测试更加精准，并提高系统的自治性。

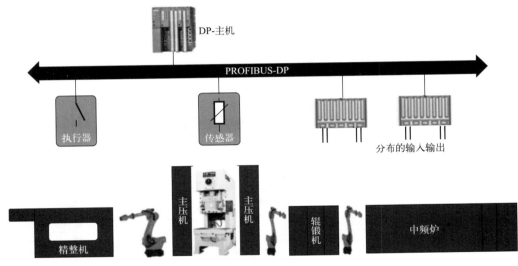

图7-10 分布式控制系统

② 生产计划变革。生产计划确定后，生产厂会接到生产订单，厂方需向各工作岗位传达与生产有关的信息，包括产品工艺路径、产品质量标准、投料量、生产时间、产量等，另外客户如有特殊需求也需向各工作岗位说明，以上数据为定额信息，是订单计划成本的一部分。智能锻造生产计划如图7-11所示。

③ 生产方式变革。智能装备、信息技术、工业网络、自动化技术是智能制造的根基，智能制造包含许多种应用技术，如集成仿真、设计制造协同、自动化物流、自动化计量、精益生产等。智能制造的意义在于推动生产方式的变革，实现大规模定制生产，并借助模型实施产品的全生命周期管理。智能锻造生产方式如图7-12所示。

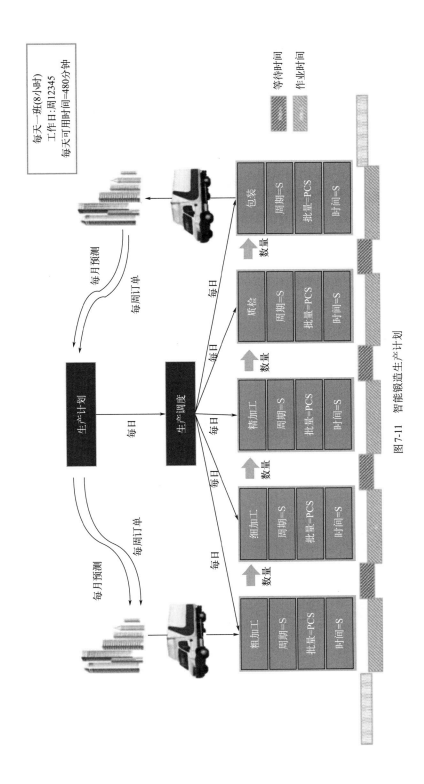

图 7-11　智能锻造生产计划

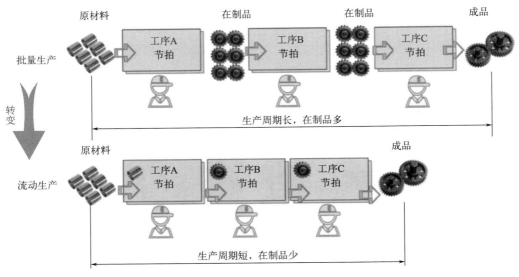

图7-12　智能锻造生产方式

7.3.3　智能锻造全生命周期管理

数字化与自动化是智能工厂的基本特征。将生命周期管理系统应用于生产全过程，能够极大地解放人力，这是其价值所在。锻件通常有较为复杂的结构，如常见的四缸乘用车曲轴（如图7-13所示），因此锻件较难成形，单纯由人工参与设计有明显的局限性，需在验证上花费大量的时间。

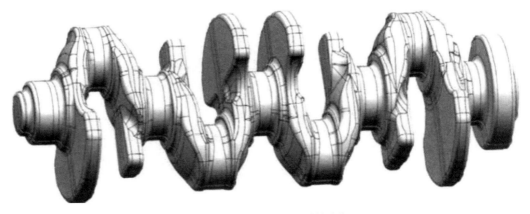

图7-13　常见四缸乘用车曲轴结构

（1）产品设计阶段

借助智能工厂系统，锻造工厂实现了生产模式的变革，不再采用原有的来图加工的方式。在生产过程中，锻造工厂逐步建立起数据库，凭借数据库资源在工件设计方面取得了长足进步，超过了主机厂。正是由于这个原因，主机厂越来越多地与锻件供应商开展合作，在锻件工艺开发上采用联合设计模式，在这种模式下，工艺的合理性和锻件的质量都取得了较为明显的进步。该模式的优势还体现在供应链资源的整合上，能够在有效控制成本的同时做到高质高效，使资源得到更加充分的利用，为企业创造更多收益。

产品设计需参照产品的性能要求和功能指标，从数据库中调取相关信息加以利用，而后进行锻件的外形设计，查验动平衡、强度等各项性能，确定成形工艺，最后将设计图纸绘制出来。与依靠人工经验进行设计的传统软件 CAD、CAE 不同，智能工厂的锻件设计主要采用 MES，用大数据分析方法处理系统采集到的数据，得到 CAD 尺寸补偿系数和 CAE 边界条件等关键信息，这些信息需要与现场工艺相适配。运用智能工厂设计锻件，能够在更大程度上保证锻件具备预期的功能和性能，降低误差的幅度和出现频率，节省不必要的调试时间，缩短开发周期。

（2）工艺设计阶段

工艺设计需要用到多种智能技术，专家系统负责程序开发、处理各种工艺问题，工艺数据库提供设计所需要的大量数据，此外还要对设计过程中得到的数值进行模拟。工艺与锻件之间要做到适配，在设计时需要参照锻件的相关属性，包括构成材料、微观结构等，设计出的工艺应满足锻件性能方面的要求，工艺设计完成后需不断优化使其达到生产要求。

该阶段，技术部门负责确定 BOM，并规划产品的整个开发流程，而后经由 MES 提交以上信息，最终下达到负责工艺开发的相关部门。采购部门负责采购原材料，确保项目的正常推进；MES 会展示各部门的负荷情况，生产计划部门据此进行生产规划和资源调度；PLM 系统可提供 3D 设计数据，基于该数据，以专家系统作为工具，设备管理部门为设备开发其需要用到的程序。概括说来，凭借智能系统可做到"三维到工艺""三维到现场""三维到设备"。

（3）过程控制阶段

运用智能化感知，以在线监测设备网络作为工具，MES 监测生产线运行，监控产品质量。

MES 负责对工艺开发过程实施控制，着眼于控制节点，通过划定控制范围的方式实现有效控制，同时针对生产设备的运行参数也需要给出一个特定范围，以上体现的是"三维到工艺"及"三维到设备"。

MES 负责监控生产线，包括设备运行参数、工作状态等，监控将持续生产线的整个运行过程。针对异常情况，MES 系统发送警报并协助工作人员进行及时处置，专家系统和经验数据库也将参与处理过程。

基于 MES 的大数据采集绘制变化曲线，掌握产品质量、设备运行状态及稳定性等各方面的情况，据此进行预防性的质量控制和设备维护，更好地保障生产的稳定性。

总之，过程监控的作用体现在提高锻件质量、提升生产效率、节约生产成本等多个方面。

（4）产品过程追溯

在监控生产过程时，MES会在产品上添加二维码，通过扫码即可实现产品生产过程的追溯。可追溯的信息包括产品原材料、设备运行状态、工件状态、成品校验时的数据等。用户追溯数据发现异常时，系统可以明确哪个工序出现了问题。如此，生产的质量风险会有效降低，便于工厂控制成本。生产人员借助大数据分析掌握设备运行情况和成品状态，可以据此改善锻造工艺。锻造行业具有工作环境艰苦、工作强度大等特点，在这种条件的生产过程中引入自动化和智能化显得尤为迫切。另外，锻造工艺和热处理工艺有着一定的特殊性，如果采用传统方法实施工艺控制，则无法很好地保证过程的稳定性，同时产品的一致性也很可能存在问题，针对以上问题，需在工艺控制中采用智能系统。

目前，越来越多的锻造生产线开始采用自动化、数字化技术，不过智能化锻造生产线的应用规模还有待扩展，智能化水平仍需提高。锻造企业应大力推进锻造生产线的智能化改造，从技术、人才等多个方面发力，以相关标准作为指导，完善生产的制度与章程。

参考文献

[1] 周济. 智能制造——"中国制造2025"的主攻方向[J]. 中国机械工程, 2015, 26(17): 2273-2284.

[2] 王田苗, 陶永. 我国工业机器人技术现状与产业化发展战略[J]. 机械工程学报, 2014, 50(09): 1-13.

[3] 谭民, 王硕. 机器人技术研究进展[J]. 自动化学报, 2013, 39(07): 963-972.

[4] 陶飞, 刘蔚然, 刘检华, 等. 数字孪生及其应用探索[J]. 计算机集成制造系统, 2018, 24(01): 1-18.

[5] 陶飞, 刘蔚然, 张萌, 等. 数字孪生五维模型及十大领域应用[J]. 计算机集成制造系统, 2019, 25(01): 1-18.

[6] 张曙. 工业4.0和智能制造[J]. 机械设计与制造工程, 2014, 43(08): 1-5.

[7] 李小丽, 马剑雄, 李萍, 等. 3D打印技术及应用趋势[J]. 自动化仪表, 2014, 35(01): 1-5.

[8] 计时鸣, 黄希欢. 工业机器人技术的发展与应用综述[J]. 机电工程, 2015, 32(01): 1-13.

[9] 袁巨龙, 张飞虎, 戴一帆, 等. 超精密加工领域科学技术发展研究[J]. 机械工程学报, 2010, 46(15): 161-177.

[10] 贺正楚, 潘红玉. 德国"工业4.0"与"中国制造2025"[J]. 长沙理工大学学报(社会科学版), 2015, 30(03): 103-110.

[11] 腾讯研究院, 中国信息通信研究院互联网法律研究中心, 腾讯AILab, 等. 人工智能: 国家人工智能战略行动抓手[M]. 北京: 中国人民大学出版社, 2017.

[12] 汪劲松, 黄田. 并联机床——机床行业面临的机遇与挑战[J]. 中国机械工程, 1999(10): 31-35.

[13] 孙英飞, 罗爱华. 我国工业机器人发展研究[J]. 科学技术与工程, 2012, 12(12): 2912-2918, 3031.

[14] 刘又午, 刘丽冰, 赵小松, 等. 数控机床误差补偿技术研究[J]. 中国机械工程, 1998(12): 54-58, 5.

[15] 赵西三. 数字经济驱动中国制造转型升级研究[J]. 中州学刊, 2017(12): 36-41.

[16] 毕胜. 国内外工业机器人的发展现状[J]. 机械工程师, 2008(07): 5-8.

[17] 刘松国. 六自由度串联机器人运动优化与轨迹跟踪控制研究[D]. 杭州: 浙江大学, 2009.

[18] 杨兆军, 陈传海, 陈菲, 等. 数控机床可靠性技术的研究进展[J]. 机械工程学报, 2013, 49(20): 130-139.

[19] 周济, 李培根, 周艳红, 等. 走向新一代智能制造[J]. 中国科技产业, 2018(06): 4.

[20] 粟时平. 多轴数控机床精度建模与误差补偿方法研究[D]. 长沙: 中国人民解放军国防科技大学, 2002.

[21] 任娇. 工业4.0智能制造全生命周期柔性生产线的研发与应用[J]. 科技与创新, 2021(10): 180-181.

[22] 高丹, 朱翔, 韩永成, 等. 基于云平台的数字孪生多适应装配产线设计 [J]. 组合机床与自动化加工技术, 2021(06): 122-126.

[23] 张利. "人工智能+"物流全链架构及场景应用 [J]. 商业经济研究, 2021(16): 104-107.

[24] 宋诗一. 智能制造背景下智能仓储系统探究 [J]. 电子制作, 2020(18): 84-86.

[25] 夏岩. 现代物流仓储智能系统应用现状及未来趋势研究 [J]. 市场研究, 2014(11): 19-20.

[26] 朱燕萍. 关于物联网和人工智能的现代物流仓储应用技术研究 [J]. 中国物流与采购, 2019(13): 34-35.

[27] 张辉. 基于物联网技术的物流智能仓储系统开发 [J]. 无线互联科技, 2021, 18(03): 70-71.

[28] 史纪. 智慧物流背景下智能仓储的应用 [J]. 智能城市, 2021, 7(07): 13-14.

[29] 肖维红. 现代物流智能仓储系统安全监控技术与仿真实现 [D]. 武汉: 武汉理工大学, 2006.

[30] 黄丽莉, 张智勇. 物联网技术在物流仓储管理体系中的应用 [J]. 中国集体经济, 2012(31): 67-69.

[31] 邹方园. 基于物联网技术的智能仓储管理系统在制造业中的应用研究 [J]. 中小企业管理与科技 (下旬刊), 2021(01): 168-169.

[32] 潘群. 智能仓储物流管理系统浅析 [J]. 合作经济与科技, 2018(09): 100-101.

[33] 王云波. 基于物联网的智能物流仓储管理系统的设计与应用 [J]. 自动化技术与应用, 2020, 39(09): 74-77.

[34] 王开疆, 孙炜, 时锦秀, 等. RFID 在智能物流仓储管理中的应用 [J]. 中国电子商情 (RFID 技术与应用), 2009, 4(01): 43-45.

[35] 齐恒. 基于物联网的物流企业智能仓储管理系统设计 [J]. 实验技术与管理, 2013, 30(12): 133-135.

[36] 叶斌, 黄文富, 余真翰. 大数据在物流企业中的应用研究 [J]. 物流技术, 2014, 33(15): 22-24.

[37] 刘娜, 窦志武. 浅谈5G时代下智能物流仓储的信息化发展 [J]. 物流工程与管理, 2019, 41(06): 1-3, 7.

[38] 黄培. 对智能制造内涵与十大关键技术的系统思考 [J]. 中兴通讯技术, 2016, 22(05): 7-10, 16.

[39] 李忠成. 智能仓储物联网的设计与实现 [J]. 计算机系统应用, 2011, 20(07): 11-15.

[40] 黄志雨, 嵇启春, 陈登峰. 物联网中的智能物流仓储系统研究 [J]. 自动化仪表, 2011, 32(03): 12-15.

[41] 杨光, 侯钰. 工业机器人的使用、技术升级与经济增长 [J]. 中国工业经济, 2020(10): 138-156.

[42] 杨叔子, 丁洪. 智能制造技术与智能制造系统的发展与研究 [J]. 中国机械工程, 1992(02): 18-21.

[43] 李瑞峰. 中国工业机器人产业化发展战略 [J]. 航空制造技术, 2010(09): 32-37.

[44] 王天然, 曲道奎. 工业机器人控制系统的开放体系结构 [J]. 机器人, 2002(03): 256-261.

[45] 翟敬梅, 董鹏飞, 张铁. 基于视觉引导的工业机器人定位抓取系统设计 [J]. 机械设计与研究, 2014, 30(05): 45-49.

[46] 石宏, 蔡光起, 史家顺. 开放式数控系统的现状与发展 [J]. 机械制造, 2005(06): 18-21.

[47] 王智兴, 樊文欣, 张保成, 等. 基于Matlab的工业机器人运动学分析与仿真 [J]. 机电工程, 2012, 29(01): 33-37.

[48] 唐克岩. 我国数控机床产业发展现状与展望 [J]. 机床与液压, 2012, 40(05): 145-147.

[49] 刘强. 智能制造理论体系架构研究 [J]. 中国机械工程, 2020, 31(01): 24-36.

[50] 伍锡如, 黄国明, 孙立宁. 基于深度学习的工业分拣机器人快速视觉识别与定位算法 [J]. 机器人, 2016, 38(06): 711-719.

[51] 李聪波, 崔龙国, 刘飞, 等. 面向高效低碳的数控加工参数多目标优化模型 [J]. 机械工程学报, 2013, 49(09): 87-96.

[52] 鲁方霞, 邓朝晖. 数控机床的发展趋势及国内发展现状 [J]. 工具技术, 2006(03): 44-48.

[53] 张俊, 魏红根. 数控技术发展趋势——智能化数控系统 [J]. 制造技术与机床, 2000(04): 10-12.

[54] 潘全科. 智能制造系统多目标车间调度研究 [D]. 南京: 南京航空航天大学, 2003.

[55] 李健旋. 中国制造业智能化程度评价及其影响因素研究 [J]. 中国软科学, 2020(01): 154-163.

[56] 张洁, 高亮, 秦威, 等. 大数据驱动的智能车间运行分析与决策方法体系 [J]. 计算机集成制造系统, 2016, 22(05): 1220-1228.

[57] 张映锋, 张党, 任杉. 智能制造及其关键技术研究现状与趋势综述 [J]. 机械科学与技术, 2019, 38(03): 329-338.

[58] 蔡锐龙, 李晓栋, 钱思思. 国内外数控系统技术研究现状与发展趋势 [J]. 机械科学与技术, 2016, 35(04): 493-500.

[59] 朱上上, 罗仕鉴, 赵江洪. 基于人机工程的数控机床造型意象尺度研究 [J]. 计算机辅助设计与图形学学报, 2000(11): 873-875.

[60] 文广, 马宏伟. 数控技术的现状及发展趋势 [J]. 机械工程师, 2003(01): 9-12.

[61] 王喜文. 中国制造2025解读 [M]. 北京: 机械工业出版社, 2015.

[62] 张伯旭, 李辉. 推动互联网与制造业深度融合——基于"互联网+"创新的机制和路径 [J]. 经济与管理研究, 2017, 38(02): 87-96.

[63] 李晓刚, 刘晋浩. 码垛机器人的研究与应用现状、问题及对策 [J]. 包装工程, 2011, 32(03): 96-102.

[64] 蒋新松.未来机器人技术发展方向的探讨[J].机器人,1996(05):30-36.

[65] 傅建中.智能制造装备的发展现状与趋势[J].机电工程,2014,31(08):959-962.

[66] 蔡自兴,郭璠.中国工业机器人发展的若干问题[J].机器人技术与应用,2013(03):9-12.

[67] 王耀南,陈铁健,贺振东,等.智能制造装备视觉检测控制方法综述[J].控制理论与应用,2015,32(03):273-286.

[68] 赵杰.我国工业机器人发展现状与面临的挑战[J].航空制造技术,2012(12):26-29.

[69] 高峰,郭为忠.中国机器人的发展战略思考[J].机械工程学报,2016,52(07):1-5.

[70] 孟凡生,赵刚.传统制造向智能制造发展影响因素研究[J].科技进步与对策,2018,35(01):66-72.

[71] 闫雪凌,朱博楷,马超.工业机器人使用与制造业就业：来自中国的证据[J].统计研究,2020,37(01):74-87.

[72] 周济.智能制造是"中国制造2025"主攻方向[J].企业观察家,2019(11):54-55.

[73] 张红霞.国内外工业机器人发展现状与趋势研究[J].电子世界,2013(12):5,7.

[74] 杨建国.数控机床误差综合补偿技术及应用[D].上海：上海交通大学,1998.

[75] 李廉水,石喜爱,刘军.中国制造业40年：智能化进程与展望[J].中国软科学,2019(01):1-9,30.

[76] 顾震宇.全球工业机器人产业现状与趋势[J].机电一体化,2006(02):6-10.

[77] 吕铁,韩娜.智能制造：全球趋势与中国战略[J].人民论坛·学术前沿,2015(11):6-17.

[78] 徐方.工业机器人产业现状与发展[J].机器人技术与应用,2007(05):2-4.

[79] 骆敏舟,方健,赵江海.工业机器人的技术发展及其应用[J].机械制造与自动化,2015,44(01):1-4.

[80] 孟明辉,周传德,陈礼彬,等.工业机器人的研发及应用综述[J].上海交通大学学报,2016,50(S1):98-101.

[81] 谷艾.面向信息物理系统的安全机制与关键技术研究[D].沈阳：中国科学院大学(中国科学院沈阳计算技术研究所),2021.

[82] 陈斌.现代物流仓储智能系统设计及应用分析[J].网络安全技术与应用,2018(09):122,94.

[83] 柴安颖.面向智能生产线的工业物联网通信服务质量关键技术研究[D].沈阳：中国科学院大学(中国科学院沈阳计算技术研究所),2022.

[84] 罗剑.面向物联网的智能物流系统设计[J].自动化仪表,2013,34(10):48-50.

[85] 王世勇,万加富,张春华,等.面向智能产线的柔性输送系统结构设计与智能控制[J].华南理工大学学报(自然科学版),2016,44(12):30-35.

[86] 谢志妮,黄成丽.RFID在智能仓储物流中的应用[J].电子技术与软件工程,2021(11):177-178.

[87] 袁浩. 机器人在物流仓储中的应用现状与发展趋势分析 [J]. 物流技术, 2022, 41(12): 11-14, 102.

[88] 伍庆. 装备产品智能生产线改造关键技术研究与应用 [D]. 重庆: 重庆大学, 2019.

[89] 向楠, 陆会娥. 物流自动化智能可避障搬运小车系统设计 [J]. 广东石油化工学院学报, 2017, 27(04): 30-33.

[90] 王珅, 张皓琨, 荆彦明. 我国物流仓储装备产业发展趋势 [J]. 起重运输机械, 2018(02): 59-64, 101.

[91] 吴瑜. 自动化拆垛系统在物流仓储中的应用 [J]. 现代制造技术与装备, 2020(06): 186, 188.

[92] 吴瑜. 智能码垛系统在物流仓储中的应用 [J]. 电子世界, 2020(13): 142-143.

[93] 魏彦, 向平. 智能产线系统集成的应用 [J]. 机电工程技术, 2019, 48(08): 125-128.

[94] 纪东. 5G 时代下智能物流仓储的信息化发展研究 [J]. 现代营销 (信息版), 2020(03): 51.

[95] 彭琟云, 杨荣昆, 王朝兵, 等. 大数据时代智能化仓储创新技术研究 [J]. 中国物流与采购, 2021(05): 52-53.

[96] 黄俊俊. 智能制造中关键技术与实现 [J]. 电子技术与软件工程, 2018(15): 65.

[97] 魏文锋. 面向数控加工的智能产线设计 [J]. 机电信息, 2020(24): 116-117.